2023—2024年中国工业和信息化发展系列蓝皮书

# 2023—2024年
# 中国工业节能减排蓝皮书

中国电子信息产业发展研究院　**编　著**

秦海林　**主　编**

赵卫东　马　涛　**副主编**

電子工業出版社
Publishing House of Electronics Industry
北京·BEIJING

## 内 容 简 介

本书基于全球化视角，对2023年我国及世界主要国家工业节能减排的发展态势进行了重点分析，梳理并剖析了国家相关政策及其变化对工业节能减排发展的影响，研判了2024年世界主要国家及主要工业行业的发展走势。全书共分为综合篇、重点行业篇、区域篇、政策篇、热点篇、展望篇6个部分。

本书可为政府部门、相关企业，以及从事相关政策制定、管理决策和咨询研究的人员提供参考，也可以供高等院校相关专业师生及对相关行业感兴趣的读者学习阅读。



**图书在版编目（CIP）数据**

2023—2024年中国工业节能减排蓝皮书 / 中国电子信息产业发展研究院编著 ; 秦海林主编. -- 北京 : 电子工业出版社，2024. 12. -- ISBN 978-7-121-49381-2

Ⅰ. TK018

中国国家版本馆CIP数据核字第2024359WC4号

责任编辑：雷洪勤
印　　刷：中煤（北京）印务有限公司
装　　订：中煤（北京）印务有限公司
出版发行：电子工业出版社
　　　　　北京市海淀区万寿路173信箱　　邮编：100036
开　　本：720×1 000　1/16　印张：15.25　字数：341.6千字　彩插：1
版　　次：2024年12月第1版
印　　次：2024年12月第1次印刷
定　　价：218.00元

凡所购买电子工业出版社图书有缺损问题，请向购买书店调换。若书店售缺，请与本社发行部联系，联系及邮购电话：（010）88254888，88258888。

质量投诉请发邮件至zlts@phei.com.cn，盗版侵权举报请发邮件至dbqq@phei.com.cn。

本书咨询联系方式：leihq@phei.com.cn。

# 前言

绿色发展，是顺应自然、促进人与自然和谐共生的发展，是用最少资源环境代价取得最大经济社会效益的发展，是高质量、可持续的发展。推动工业绿色发展，就是要从根本上突破资源环境约束瓶颈，从源头推动生产方式绿色转型，满足人民日益增长的美好生活需要。推动工业绿色发展，是践行习近平生态文明思想的重要举措，是构建现代化产业体系的内在要求，是推进新型工业化的必然选择，是实现碳达峰碳中和目标的关键支撑。党的十八大以来，在习近平新时代中国特色社会主义思想指引下，工业领域坚定不移地贯彻新发展理念，深入推进产业结构优化升级，稳步推动工业用能绿色转型，大力提高资源综合利用水平，加大绿色低碳技术、产品、装备供给，积极培育绿色低碳产业，深化制造流程数字化应用，全面构建绿色制造体系，推动减污降碳协同增效，绿色生产方式正在加速形成。

## 一、工业绿色低碳发展是高质量发展的必然要求

我国进入高质量发展阶段，必须在发展理念、发展方式、发展路径上实现一系列根本性转变。工业是国民经济的主体和增长引擎，也是资源能源消耗、二氧化碳和污染物排放的重要领域之一。推进工业绿色低碳转型，对于突破资源环境约束瓶颈、加快产业结构优化升级、满足人民日益增长的美好

生活需要，具有重要的意义。

第一，推进工业绿色低碳转型，是突破资源环境约束瓶颈、实现可持续发展的自觉行动。我国仍是世界上最大的发展中国家，工业化、现代化进程尚未完成，产业结构尚未跨越高消耗、高排放阶段，工业发展中不平衡、不充分的问题仍然比较突出。突破资源环境约束瓶颈，必须坚持走新型工业化道路，加快构建资源节约、环境友好的绿色制造体系，着力推进工业低碳发展和绿色转型。

第二，推进工业绿色低碳转型，是推动产业结构优化升级、培育经济增长新动能的必然选择。碳达峰碳中和将全面重塑我国的经济结构、能源结构、生产方式和生活方式。在“双碳”目标牵引下，能源、冶金、化工等传统产业的改造提升步伐将进一步加快，并催生出一大批新业态新模式，创造出广阔的市场前景和发展空间，带来巨大的投资和消费需求，我们必须紧紧抓住这一重要历史机遇，培育壮大经济发展新动能，推动经济高质量发展。

第三，推动工业绿色低碳转型，是满足人民日益增长的优美生态环境需求、践行以人民为中心的发展思想的内在要求。党的十九大报告指出，我们要建设的现代化是人与自然和谐共生的现代化，既要创造更多物质财富和精神财富以满足人民日益增长的美好生活需要，又要提供更多优质生态产品以满足人民日益增长的优美生态环境需求。必须坚持以人民为中心的发展思想，着力推进工业绿色低碳转型，大力实施节能减排和清洁生产，为人民群众提供更多物美质优、绿色低碳的产品，以及更加优美的生态环境、更加良好的生活质量。

## 二、有序推进我国工业绿色低碳发展，应着力把握好4个方面的关系

绿色低碳发展是经济社会发展全面转型的复杂工程和长期任务，能源结构、产业结构调整不可能一蹴而就，更不能脱离实际。工业是立国之本、兴国之器、强国之基，面对新挑战、新机遇，我们要迎难而上、化危为机、攻坚克难，坚持把工业绿色低碳发展作为生态文明建设和制造强国建设的重要

着力点，将系统观念贯穿推进工业绿色低碳发展的全过程，注重着力把握好4个方面的关系。

### （一）处理好发展和转型的关系，在发展中推动转型，在转型中促进发展

从经济社会发展需求来看，我国仍处于工业化、城镇化深入发展的历史阶段，发展经济和改善民生的任务还很重，能源资源消费将保持刚性增长。到2035年，我国人均国内生产总值要达到中等发达国家水平，基本实现现代化，发展的任务还十分繁重。显然，基于我国产业结构和资源禀赋现状，我们不能照搬发达国家产业转移、去工业化的发展路径，必须立足我国发展阶段、能源资源禀赋和国民经济高质量发展需求，把握好工业绿色低碳转型的节奏和力度，充分发挥节能降碳的倒逼引领作用，将节能降碳潜力实实在在转变为产业提质增效、转型升级的新空间，推动工业在绿色转型中实现更大发展。

### （二）处理好整体和局部的关系，统筹考虑产业布局区域特点，以绿色低碳转型发展推进产业结构优化升级

由于区域资源分布和产业分工各异，各地绿色低碳转型的方向不尽相同。例如，我国东部地区高新技术产业和高端制造业的占比较大，工业化水平较高，但面临的资源环境约束日趋加剧，环境资源承载压力不断加大，要素成本持续上升，亟待推动传统工业发展模式转变，为全国其他地区绿色低碳转型做出表率和引领。中西部地区在我国经济发展过程中一直承担着能源资源和原材料供应的重任。长期以来，一些地方的发展偏重于对能源的高强度开采和初加工，逐渐形成了以能源重化工业为主导的单一产业结构，构成了“一业独大”“一企独大”的产业格局，产业结构调整非一朝一夕能够完成。

### （三）处理好长远目标和短期目标的关系，保持战略定力，稳扎稳打、持续发力、久久为功

从经济社会发展大局和长期任务来看，我国坚持生态优先、绿色发展的

导向不会变，实现碳达峰碳中和目标的决心不会变。我国能源结构、产业结构是长期形成的，调整优化存在很多现实困难和历史挑战。我们要保持加强生态文明建设的战略定力，科学推进“双碳”工作，坚持方向不变、力度不减、标准不降、久久为功。要处理好短期内具体工作目标与制造业高质量发展、能源结构低碳转型等长期战略目标之间的关系，在保障能源安全、产业链供应链稳定的前提下，有序推动工业绿色低碳转型发展的各项工作。

**（四）处理好政府和市场的关系，坚持政府引导、市场主导，充分发挥有为政府和有效市场双重作用**

推动绿色低碳转型，要坚持两手发力，推动有为政府和有效市场更好结合。政府层面要加强顶层设计，完善政策和法规体系，建立健全相关激励约束机制，为推动工业绿色低碳转型创造良好的市场环境。绿色低碳转型本质上是绿色技术装备和产品的更新换代，绿色产能替代低效产能，客观上存在较高成本。面对较高的绿色低碳转型成本，市场主体应不断提升内生动力，企业应持续强化在低碳产品开发、技术应用等方面的工作，充分发挥两者的协同功能。

## 三、扎实推进工业绿色低碳发展，为经济高质量发展做出新的贡献

扎实推进工业绿色低碳发展，要深入学习贯彻习近平生态文明思想，按照党中央、国务院决策部署和碳达峰碳中和工作安排，以推动高质量发展为主题，以供给侧结构性改革为主线，以碳达峰碳中和目标为引领，统筹发展与绿色低碳转型，加快构建以高效、绿色、循环、低碳为重要特征的现代工业体系。具体重点工作，可以概括为“开展一个行动、构建两大体系、推动六个转型”，即实施工业领域碳达峰行动，构建绿色低碳技术体系、绿色制造支撑体系，推进工业向产业结构高端化、能源消费低碳化、资源利用循环化、生产过程清洁化、产品供给绿色化、生产过程数字化方向转型。

工业作为国民经济的主体和核心增长引擎，也是节能降碳的主战场。党

的二十大报告指出，必须牢固树立和践行绿水青山就是金山银山的理念，站在人与自然和谐共生的高度谋划发展。要求把推进新型工业化作为建设现代化产业体系的重要内容，推动制造业高端化智能化绿色化发展，提出到2035年基本实现新型工业化。工业绿色发展是推进新型工业化的内在要求和重要抓手，必须完整、准确、全面贯彻新发展理念，以实现碳达峰碳中和目标为引领，构建完善绿色制造和服务体系，推动全方位转型、全过程改造、全链条变革、全领域提升，锻造产业绿色竞争新优势，使绿色成为新型工业化的普遍形态，持续提升制造业高端化、智能化、绿色化发展水平，为全球可持续发展提供有力保障！

中国电子信息产业发展研究院

# 目录

## 综　合　篇



## 重点行业篇

## 区　域　篇

## 政　策　篇



## 热　点　篇

# 展　望　篇

# 综　合　篇

第一章

# 2023 年全球工业节能减排发展状况

本章从工业发展、能源消费、低碳发展进程 3 个方面对美国、日本、欧盟、新兴经济体等全球主要国家和地区进行研究。

## 第一节　工业发展概况

2023 年，全球经济延续了 2022 年的下行趋势，整体呈现弱复苏态势。在经历了美欧高通胀及其中央银行持续提高利率的冲击下，仍显示出比较强的韧性。虽然世界范围内的通货膨胀压力有所减轻，但全球债务水平仍然居高不下，且全球贸易和投资的增长动力不足。当前，全球经济面临增长的不均衡性日益突出，突破性技术产生的深远影响，排他性的地区主义趋势不断增强并迅速蔓延，以及“去风险化”政策加剧全球经济“脱钩”风险等关键挑战。同时，共建“一带一路”开启金色十年新征程，成为全球经济值得关注的主要特征。经济合作与发展组织预计，2023 年全球国内生产总值（GDP）增长率为 2.9%。总体而言，全球经济饱经挫折但仍保持温和增长态势。根据世界银行（The World Bank）和联合国工业发展组织（UNIDO）发布的《国际工业统计年鉴 2023 版》提供的数据，2022 年，全球国内生产总值为 101 万亿美元，同比增长 3.8%，全球经济总量首次突破 100 万亿美元；全球工业增加值为 277552 亿美元，同比增长 4.9%，增长率为 2.3%，低于全球 GDP 的增长率（3.1%）；全球制造业增加值为 161889 亿美元，较 2021 年增加 1058 亿美元。2015—2022 年全球主要经济核算指标变化情况如表 1-1 所示。

表 1-1　2015—2022 年全球主要经济核算指标变化情况

| 年份 | 全球 GDP/亿美元 | 全球工业增加值/亿美元 | 全球制造业增加值/亿美元 |
|---|---|---|---|
| 2015 年 | 752177 | 202232 | 123775 |
| 2016 年 | 763690 | 201332 | 124352 |
| 2017 年 | 813060 | 218286 | 132911 |
| 2018 年 | 864394 | 235870 | 142276 |
| 2019 年 | 877985 | 234678 | 140744 |
| 2020 年 | 852152 | 223227 | 136715 |
| 2021 年 | 973072 | 264543 | 160831 |
| 2022 年 | 1010030 | 277552 | 161889 |

数据来源：世界银行，2024 年 5 月

2023 年，受俄乌冲突延长、巴以冲突激化等地缘政治危机影响，能源价格继续在高位徘徊，全球供应链因此受到冲击，美欧推动对华去风险也产生了全球贸易收缩等负面影响，全球制造业下行趋势加大，经济复苏动能不强。截至 2023 年年底，全球制造业采购经理指数（Purchasing Managers’Index，PMI）已经连续 15 个月运行在荣枯线 50%以下，而且连续下探。2023 年全球制造业 PMI 均值为 48.5%，全年 PMI 最高值出现在 2 月，为 49.9%，12 月以 48%的低值收官，这意味着全球经济在 2023 年运行偏弱，具体数据如表 1-2 所示。

表 1-2　2023 年全球制造业 PMI

| 月份 | 1 | 2 | 3 | 4 | 5 | 6 | 7 | 8 | 9 | 10 | 11 | 12 |
|---|---|---|---|---|---|---|---|---|---|---|---|---|
| PMI/% | 49.2 | 49.9 | 49.1 | 48.6 | 48.3 | 47.8 | 47.9 | 48.3 | 48.7 | 47.8 | 48 | 48 |

数据来源：中国物流与采购联合会，2024 年 5 月

## 一、美国

2023 年，美国经济发展超预期。根据美国商务部 2024 年 1 月公布的数据，美国 2023 年前三季度实际国内生产总值（Gross Domestic Product，GDP）都超过 6.5 万亿美元，同比增幅为 2.1%～2.8%，第四季度突破 7 万亿美元，同比增长 3.1%，远超市场预期，经济规模不降

反增。2023 年美国 GDP 约为 27.37 万亿美元，取得了 2.5%的实质性增长，与 2022 年 2.1%的增长率相比略有增加。2022 年至 2023 年，高通胀仍是美国经济的最大挑战之一，2023 年美联储持续大幅度采取一系列加息行动，自 2022 年 3 月开始加息已 11 次，累计加息幅度达 525 个基点。虽然美国通货膨胀率有所下降，经济呈现一定复苏态势，但在多重挑战和不确定性因素影响下，美国经济并未摆脱衰退风险。

从美国供应管理协会（the Institute for Supply Management，ISM）发布的制造业 PMI 来看，2023 年年初，美国制造业 PMI 站在低位 46.9%，随后开始迅速爬升，在 4 月达到当年的最高位 50.2%，之后又迅速滑落，在 6 月跌至全年最低值 46.3%。7 月有反弹，PMI 值回升至 49%，但很快在 8 月跌到了 47.9%。之后又经历了一次波动，一路缓慢上升，并在 10 月回升至荣枯线水平，直到 12 月跌回 47.9%，说明制造业进一步疲软，具体数据如表 1-3 所示。

表 1-3　2023 年美国制造业 PMI

| 月份 | 1 | 2 | 3 | 4 | 5 | 6 | 7 | 8 | 9 | 10 | 11 | 12 |
|---|---|---|---|---|---|---|---|---|---|---|---|---|
| PMI/% | 46.9 | 47.3 | 49.2 | 50.2 | 48.4 | 46.3 | 49 | 47.9 | 49.8 | 50 | 49.4 | 47.9 |

数据来源：Wind 数据库，2024 年 5 月

## 二、日本

2024 年 2 月，日本内阁府公布了 2023 年的经济统计数据，2023 年日本按市场价格核算的名义 GDP 为 591.48 万亿日元，按美元核算为 4.21 万亿美元，剔除物价变动因素后的实际 GDP 增长为 1.9%，名义 GDP 增长 5.7%，增速相比 2022 年的 1.1%有所上升，但世界排名却降至第四位，被德国反超。从各季度数据可以看出，日本 2023 年全年 GDP 跌出前三主要在于后两个季度连续的负增长，由于消费不振等因素，2023 年四季度内需对日本经济增长的贡献度为-0.3 个百分点，外需仅为 0.2 个百分点，虽全年增速增长，但 GDP 却没有达到新冠疫情之前的水平。

2023 年，日本制造业的表现较为一般，2 月日本制造业 PMI 最低值为 47.7%，之后缓慢增长，制造业全年的 PMI 最高值为 50.6%，出现在 2023 年 5 月，之后持续下挫，在 10 月有小幅反弹，力度不大，难改跌势，12

月以 PMI 值 47.9%收官，全年制造业 PMI 平均值为 49%，仅 1 个月制造业 PMI 值在荣枯线 50%以上，具体数据如表 1-4 所示。

表 1-4　2023 年日本制造业 PMI

| 月份 | 1 | 2 | 3 | 4 | 5 | 6 | 7 | 8 | 9 | 10 | 11 | 12 |
|---|---|---|---|---|---|---|---|---|---|---|---|---|
| PMI/% | 48.9 | 47.7 | 49.2 | 49.5 | 50.6 | 49.8 | 49.6 | 49.6 | 48.5 | 48.7 | 48.3 | 47.9 |

数据来源：Wind 数据库，2024 年 5 月

## 三、欧盟

2023 年欧洲经济增长乏力，经济活跃度较低。根据 2024 年 3 月欧盟统计局发布的数据，2023 年全年欧元区和欧盟 GDP 仅同比上涨了 0.4%，远低于 2022 年欧盟 3.4%和欧元区 3.3%的经济增长。受高通胀和高利率等因素影响，2023 年第三季度和第四季度，欧元区经济连续出现负增长，陷入“技术性衰退”。问题的核心在于德国，2023 年第四季度德国经济环比下滑了 0.4%，整个 2023 年德国经济下滑 0.3%，成为全球表现最差的发达经济体之一。能源方面，欧洲继续依赖进口的解决方案。在经历了 2022 年乌克兰危机爆发的巨大冲击后，欧洲大幅度减少进口俄罗斯能源，但巴以冲突和红海危机等地缘政治风险的上升，使得欧洲重建能源进口新格局严重受挫，加之受欧洲央行连续加息以及不断恶化的财政赤字冲击影响，欧洲经济复苏面临的压力持续增大。

2023 年，欧元区制造业 PMI 呈现稳步下滑的态势。全年制造业 PMI 都在荣枯线 50%以下，PMI 值均为 45%；1 月 PMI 值为 48.8%，是全年的最高值，之后稳步下滑，7 月达到全年最低点，PMI 值为 42.7%，从 8 月开始，制造业 PMI 值略有反弹，但趋势低迷，8—12 月的制造业 PMI 平均值为 44%，12 月以 PMI 值 44.4 收官，具体数据如表 1-5 所示。

表 1-5　2023 年欧元区制造业 PMI

| 月份 | 1 | 2 | 3 | 4 | 5 | 6 | 7 | 8 | 9 | 10 | 11 | 12 |
|---|---|---|---|---|---|---|---|---|---|---|---|---|
| PMI/% | 48.8 | 48.5 | 47.3 | 45.8 | 44.8 | 43.4 | 42.7 | 43.5 | 43.4 | 43.1 | 44.2 | 44.4 |

数据来源：Wind 数据库，2024 年 5 月

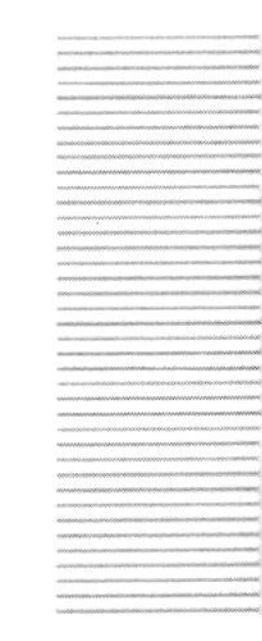

## 四、新兴经济体

### （一）俄罗斯

根据俄罗斯联邦统计局 2024 年 2 月的初步评估结果，2023年俄罗斯国内生产总值上升 3.6%，与两年前相比增长 2.3%，大大超出预期，呈现多年较好增长势头。GDP 现价总量为 171.041 万亿卢布，GDP 平减指数增长 6.3%。此外，2023 年俄罗斯失业率为 3.2%，为 1992 年以来最低水平。

从 PMI 值来看，2023 年俄罗斯制造业表现良好，全年制造业 PMI 值都在荣枯线 50%的上方，平均值为 53%。总体来看，俄罗斯 2023 年的制造业 PMI 值在 52.1～54.6 的区间呈波动态势，全年最高值出现在 12 月，最低值出现在 7 月，具体数据如表 1-6 所示。

表 1-6　2023 年俄罗斯制造业 PMI

| 月份 | 1 | 2 | 3 | 4 | 5 | 6 | 7 | 8 | 9 | 10 | 11 | 12 |
|---|---|---|---|---|---|---|---|---|---|---|---|---|
| PMI/% | 52.6 | 53.6 | 53.2 | 52.6 | 53.5 | 52.6 | 52.1 | 52.7 | 54.5 | 53.8 | 53.8 | 54.6 |

数据来源：Wind 数据库，2024 年 5 月

### （二）印度

在全球经济衰退加剧的背景下，印度的经济迅速发展并受到世界瞩目。2021 年印度 GDP 增速达到了 8.4%，成为全球增长速度最快的经济体，2022 年印度的 GDP 增长率为 7%，略低于沙特阿拉伯的 7.6%；2023 年印度 GDP 增长率预计在 7%以上，在全球十大经济体中位居第一。近些年，印度政府推出了一系列经济改革，包括简化税收、鼓励外资、提高基础设施投资等，吸引了大量外资。同时，印度的消费市场和全球投资业具有良好的前景。根据印度政府 2024 年 2 月发布的数据，2023 年印度第一季度 GDP 增长率为 6.1%，第二季度为 8.2%，第三季度为 8.1%，第四季度 GDP 增长率为 8.4%，超过前两个季度，实现连续 13 个季度正增长。

从制造业 PMI 来看，印度的表现非常亮眼，全年 PMI 值都在荣枯

线 50%以上，平均值为 57%，纵观全年，印度制造业 PMI 值总体呈现两头低、中间高的温和波动态势。全年 PMI 最高值为 58.7%，出现在 5 月，12 月以最低值 54.9%收官，具体数据如表 1-7 所示。

表 1-7　2023 年印度制造业 PMI

| 月份 | 1 | 2 | 3 | 4 | 5 | 6 | 7 | 8 | 9 | 10 | 11 | 12 |
|---|---|---|---|---|---|---|---|---|---|---|---|---|
| PMI/% | 55.4 | 55.3 | 56.4 | 57.2 | 58.7 | 57.8 | 57.7 | 58.6 | 57.5 | 55.5 | 56 | 54.9 |

数据来源：Wind 数据库，2023 年 5 月

### （三）巴西

根据巴西国家地理与统计局（IBGE）2024 年 3 月公布的数据，2023 年巴西 GDP 总量达到 10.9 万亿雷亚尔（约合 2.19 万亿美元），扣除价格因素后，全年实际 GDP 同比增长 2.9%，五年平均增长 1.69%。进出口贸易成为巴西经济增长的主要外部贡献因素。根据巴西发展、工业、贸易和服务部（MDIC）外贸秘书处的数据，2023 年，巴西对 G20 国家的出口额达 2650 亿美元，占巴西对全球出口总额的 78%，比上一年增长了 4.6%。2023 年巴西对中国的出口商品金额为 1224.215 亿美元，中国已连续 15 年成为巴西最大的贸易伙伴。

2023 年巴西制造业 PMI 整体变化趋势平缓，PMI 值全年都处于较低水平，均值为 48%，仅有 8 月超过荣枯线 50%，PMI 值达到 50.1%，4 月 PMI 值最低，为 44.3%，除此之外，其他月份的制造业 PMI 值都在 46.6%～49.4%的范围之间，具体数据如表 1-8 所示。

表 1-8　2023 年巴西制造业 PMI

| 月份 | 1 | 2 | 3 | 4 | 5 | 6 | 7 | 8 | 9 | 10 | 11 | 12 |
|---|---|---|---|---|---|---|---|---|---|---|---|---|
| PMI/% | 47.5 | 49.2 | 47 | 44.3 | 47.1 | 46.6 | 47.8 | 50.1 | 49 | 48.6 | 49.4 | 48.4 |

数据来源：Wind 数据库，2024 年 5 月

## 第二节　能源消费状况

2023 年 6 月，英国能源研究院（Energy Institute）发布了《世界能

源统计年鉴2023》，对2022年全球能源数据进行了全面收集、分析和系统回顾。2023年的年鉴由英国能源研究院、毕马威和科尔尼咨询公司共同完成。数据显示，2022年全球一次能源需求从疫情的影响中逐步恢复，缓慢增长，但与2021年相比增长放缓。2022年，全球一次能源消费总量为604.04艾焦，达到历史高点，首次超过600艾焦，比2021年增长1.1%，低于2021年5.5%的增速。其中石油消费量190.69艾焦，比2021年增长3.2%。煤炭消费量161.47艾焦，比2021年增长0.6%，这是2014年以来的最高水平。天然气消费量141.89艾焦，比2021年减少3%。可再生能源继续保持强劲增长的态势，2022年可再生能源（不包括水电）消费量45.18艾焦，比2021年增长5.21艾焦，增幅13%。

从能源消费结构看，化石燃料消费仍然保持稳定，2022年在一次能源消费量中的占比为82%，其中石油占比仍是第一位，约占31.6%；煤炭次之，约占26.7%；天然气占比23.7%；可再生能源（不包括水电）增长态势强劲，占一次能源消费的比重约为7.5%，比2021年增长近1%；水电占比约6.6%；核能占比约3.9%。

从区域看，2022年除欧洲（-3.8%）和独联体国家（-5.8%）外，所有地区的一次能源消费量都在增加。

北美洲一次能源消费总计118.78艾焦，约占世界总量的19.7%；中南美洲合计30.11艾焦，约占世界总量的4.9%；欧洲总计79.8艾焦，约占世界总量的13.2%；独联体国家总计38.36艾焦，约占世界总量的6.3%；中东地区总计39.13艾焦，约占世界总量的6.5%；非洲总计20.26艾焦，约占世界总量的3.4%；亚太地区总计277.6艾焦，约占世界总量的46.0%。其中，经合组织合计234.42艾焦，约占世界总量的38.8%；非经合组织合计369.62艾焦，约占世界总量的61.2%。欧盟合计58.18艾焦，约占世界总量的9.6%。

## 一、世界主要区域能源消费现状

### （一）亚太地区

近十年来，亚洲能源消费持续上升，继2020年首次下降后，随后两年继续恢复上升势头。2022年，亚洲能源消费277.6艾焦，比上年增

长2.1%，占世界能源消费的46%。其中，石油消费量69.61艾焦，占全球石油消费的36.5%，占亚洲能源消费总量的25.1%；天然气消费量32.65艾焦，占全球天然气消费的23%，占亚洲能源消费总量的11.8%；煤炭消费量130.5艾焦，占全球煤炭消费的80.8%，占亚洲能源消费总量的47%；核能消费量6.65艾焦，占全球核能消费的27.7%，占亚洲能源消费总量的2.4%；水电消费量17.94艾焦，占全球水电消费的44.1%，占亚洲能源消费总量的6.5%；其他类型可再生能源消费量20.24艾焦，占全球可再生能源消费的44.8%，占亚洲能源消费总量的7.2%。

### （二）欧洲

欧洲能源消费在2012—2022年间呈波动态势，2012—2014年处于下降趋势，从2015年开始温和回升，幅度不大，到2019年开始轻微下降，2020年下降幅度剧增，降至79.24艾焦，十年来首次低于80艾焦。2021年大幅反转上升后2022年又下降到2020年的水平。2022年，欧洲能源消费79.81艾焦，比上年减少3.8%，占世界能源消费的13.2%。其中，石油消费量28.72艾焦，占全球石油消费的15.1%，占欧洲能源消费总量的36.0%；天然气消费量17.96艾焦，占全球天然气消费的12.7%，占欧洲能源消费总量的22.5%；煤炭消费量10.07艾焦，占全球煤炭消费的6.2%，占欧洲能源消费总量的12.6%；核能消费量6.68艾焦，占全球核能消费的27.7%，占欧洲能源消费总量的8.4%；水电消费量5.32艾焦，占全球水电消费的13.1%，占欧洲能源消费总量的6.7%；其他类型可再生能源消费量11.06艾焦，占全球可再生能源消费的24.5%，占欧洲能源消费总量的13.8%。

### （三）北美洲

十年来北美洲能源消费呈现上下波动态势，2020年是个转折点，2020年前波动幅度温和，2020年跌至十年来的最低点109.71艾焦。2020年以后又逐步上升，2022年达到十年来的次高点，一次能源消费量118.78艾焦，仅低于2018年119.18艾焦的能源消费量，占世界能源消费总量的19.7%。其中，石油消费量44.53艾焦，占全球石油消费的23.4%，占北美一次能源消费总量的37.5%；天然气消费量39.58艾焦，占全球天然气消费的27.9%，占北美一次能源消费总量的33.3%；煤炭消费量10.51艾焦，占全球煤炭消费的6.5%，占北美一次能源消费的8.9%；核能消费量8.19艾焦，占全球核能消费的33.9%，占北美一次能源消费的6.9%；水电消费量6.5艾焦，占全球水电消费的16%，占北美一次能源消费的5.5%；其他类型可再生能源消费量9.46艾焦，占全球可再生能源消费的20.9%，占北美一次能源消费的7.9%。

### （四）非洲

2022年，非洲一次能源消费量20.26艾焦，比上年增长0.3%，占世界一次能源消费总量的3.4%。其中，石油消费量8.39艾焦，占全球石油消费的4.4%，占非洲一次能源消费量的41.4%；天然气消费量5.85艾焦，占全球天然气消费的4.1%，占非洲一次能源消费量的28.9%；煤炭消费量3.97艾焦，占全球煤炭消费的2.5%，占非洲一次能源消费量的19.6%；核能消费量0.09艾焦，占全球核能消费的0.4%，占非洲一次能源消费量的0.4%；水电消费量1.47艾焦，占全球水电消费的3.6%，占非洲一次能源消费量的7.3%；其他类型可再生能源消费量0.49艾焦，占全球可再生能源消费的1.1%，占非洲一次能源消费量的2.4%。

### （五）中东

2012年以来，中东地区能源消费一直呈现上升趋势，只有2020年小幅下降；2021年迅速反弹，恢复增长，2022年达到十年来能源消费最高点。2022年，中东地区一次能源消费39.13艾焦，比上年增长4.3%，占世界一次能源消费的6.5%。其中，石油消费量17.97艾焦，占全球石油消费的9.4%，占中东一次能源消费的45.9%；天然气消费量20.18艾焦，占全球天然气消费的14.2%，占中东一次能源消费的51.6%；煤炭消费量0.37艾焦，占全球煤炭消费的0.2%，占中东一次能源消费的0.9%；核能消费量0.24艾焦，占全球核能消费的1.0%，占中东一次能源消费的0.6%；水电消费量0.12艾焦，占全球水电消费的0.3%，占中东一次能源消费的0.3%；其他类型可再生能源消费量0.26艾焦，占全球可再生能源消费的0.6%，占中东一次能源消费的0.7%。

## 二、世界主要国家能源消费情况

2022 年，一次能源消费最多的国家依次是中国和美国，两国消费量占世界总量的 42.3%。此外，印度、俄罗斯、日本、德国能源消费情况具有一定的代表性。

### （一）美国

美国是世界第二大能源消费国。2022 年，美国一次能源消费 95.91 艾焦，比上年增长 2.7%，占世界一次能源消费的 15.9%。其中，石油消费量 36.15 艾焦，占全球石油消费的 19.0%；天然气消费量 31.72 艾焦，占全球天然气消费的 22.4%；煤炭消费量 9.87 艾焦，占全球煤炭消费的 6.1%；核能消费量 7.31 艾焦，占全球核能消费的 30.3%；水电消费量 2.43 艾焦，占全球水电消费的 6.0%；其他类型可再生能源消费量 8.43 艾焦，占全球可再生能源消费的 18.7%。

### （二）印度

印度是世界第三大能源消费国。2022 年，印度一次能源消费 36.44 艾焦，比上年增长 5.6%，占世界一次能源消费的 6.0%。其中，石油消费量 10.05 艾焦，占全球石油消费的 5.3%；天然气消费量 2.09 艾焦，占全球天然气消费的 1.5%；煤炭消费量 20.09 艾焦，占全球煤炭消费的 12.4%；核能消费量 0.42 艾焦，占全球核能消费的 1.7%；水电消费量 1.64 艾焦，占全球水电消费的 4.0%；其他类型可再生能源消费量 2.15 艾焦，占全球可再生能源消费的 4.8%。

### （三）俄罗斯

俄罗斯一次能源消费量仅次于印度。2022 年，俄罗斯一次能源消费 28.89 艾焦，比上年下跌 8.2%，占世界一次能源消费的 4.8%。其中，石油消费量 7.05 艾焦，占全球石油消费的 3.7%；天然气消费量 14.69 艾焦，占全球天然气消费的 10.4%；煤炭消费量 3.19 艾焦，占全球煤炭消费的 2.0%；核能消费量 2.01 艾焦，占全球核能消费的 8.3%；水电消费量 1.86 艾焦，占全球水电消费的 4.6%；其他类型可再生能源消费量

0.08艾焦，占全球可再生能源消费的0.2%。

### （四）日本

日本是世界第五大能源消费国。2022年，日本一次能源消费17.84艾焦，比上年降低0.6%，占世界一次能源消费的3.0%。其中，石油消费量6.61艾焦，占全球石油消费的3.5%；天然气消费量3.62艾焦，占全球天然气消费的2.6%；煤炭消费量4.92艾焦，占全球煤炭消费的3.0%；核能消费量0.47艾焦，占全球核能消费的1.9%；水电消费量0.7艾焦，占全球水电消费的1.7%；其他类型可再生能源消费量1.53艾焦，占全球可再生能源消费的3.4%。

### （五）德国

德国是世界第七大能源消费国。2022年，德国一次能源消费12.3艾焦，比上年减少3.8%，占世界一次能源消费的2.0%。其中，石油消费量4.26艾焦，占全球石油消费的2.2%；天然气消费量2.78艾焦，占全球天然气消费的2.0%；煤炭消费量2.33艾焦，占全球煤炭消费的1.4%；核能消费量0.31艾焦，占全球核能消费的1.3%；水电消费量0.16艾焦，占全球水电消费的0.4%；其他类型可再生能源消费量2.45艾焦，占全球可再生能源消费的5.4%。

# 第三节　低碳发展进程分析

## 一、全球碳排放情况

根据《世界能源统计年鉴2023》，2022年全球二氧化碳排放量为343.7亿吨，比上年增长0.9%。

增长幅度最大的是中东国家，2022年碳排放量22.0亿吨，比上年增长4.7%。北美洲2022年碳排放量58.5亿吨，比上年增长2.1%，增长幅度位列第二，占全球碳排放量的17%。亚太地区2022年碳排放量179.6亿吨，比上年增长1.5%，占全球碳排放量超过一半。

## 二、努力应对气候变化

2024 年 3 月 19 日世界气象组织（WMO）发布《2023 年全球气候状况报告》(以下简称《报告》)。《报告》指出温室气体水平、地表温度、海洋热量和酸化等主要指标都打破历史纪录，创下新高峰，特别是海洋变暖、冰川退缩、南极海冰损失情况更严重，全年超过 90%的海洋都经历了热浪事件，2023 年全球基准冰川冰量损失是 1950 年有记录以来的最大损失。《报告》指出气候危机成为人类面临的重要挑战，可再生能源成为破题的关键。

欧盟通过《净零工业法案》。《净零工业法案》提案最早由欧盟委员会于 2023 年 3 月发布，是欧盟绿色协议工业计划的关键部分之一。2023 年 11 月欧洲议会投票通过《净零工业法案》，2024 年 5 月欧盟通过该法案。该法案提出了两个关键目标，一个是 40%，另一个是 25%。40%指的是到 2030 年欧盟要在本土生产制造所需份额 40%的净零技术产品；25%指的是这些净零技术产品包括太阳能光伏板、风力涡轮机、电池等要占据全球市场价值的 25%。对碳捕集和封存的具体目标法案也进行了明确设置，即到 2030 年每年捕集封存二氧化碳至少 5000 万吨。《净零工业法案》旨在通过对工业领域关键技术的部署，提升欧盟工业竞争力，加速欧盟碳中和进程。

美国投资建设大型直接空气碳捕获设施。根据 2023 年 8 月美国能源部的消息，美国拟投资 12 亿美元，在得克萨斯州和路易斯安那州建设直接空气碳捕获（DAC）设施，设施建成后，预计每年可以从大气中捕获数百万吨二氧化碳。目前全球有 18 个 DAC 项目，新建的这两个项目将是美国首批商业规模的项目。美国《基础设施建设法案》计划将用 35 亿美元投资 DAC 技术，在未来十年内建设 4 个 DAC 设施，这是世界上首个由政府支持的新兴碳捕获技术计划。

英国 2023 年温室气体排放量下降超 5%。2024 年英国能源安全和净零排放部的数据显示，2023 年英国温室气体排放总量 3.84 亿吨，同比下降 5.4%。其中电力部门排放 4110 万吨，约占排放总量的 11%，比上年下降约 20%，下降幅度最大。英国能源安全和净零排放部指出，下降原因主要是天然气需求减少，即发电和家庭取暖的天然气使用量同比减少。

韩国将蓝碳列为应对气候危机的途径之一。2023年韩国发布《蓝碳推进战略》，主要内容是强化海洋的碳吸收能力及气候灾害应对能力；提高社会公众对蓝碳的认识和蓝碳活动的参与度，加强区域和国家间的合作；推动蓝碳认证。《蓝碳推进战略》目标是2030年海洋碳吸收量达到106.6万吨，2050年达到136.2万吨，推动实现2030年国家自主贡献目标和2050年碳中和路线图目标。

中国发布《应对气候变化的政策与行动2023年度报告》。2023年10月中国生态环境部发布了《应对气候变化的政策与行动2023年度报告》（以下简称《报告》）。《报告》从国家应对气候变化领域的政策行动和工作情况等方面进行了全方位介绍，系统展示了中国为减缓气候变化做出的积极努力和取得的显著成效。《报告》聚焦于中国2022年以来应对气候变化的新进展，系统总结了中国应对气候变化的新部署新要求，从如何积极减缓气候变化、怎样主动适应气候变化、从哪些方面加快推进全国碳排放权交易市场建设、怎样持续完善政策体系和支撑保障以及积极参与应对气候变化全球治理等方面全面反映了中国在应对气候变化方面的主要政策与行动，并明确阐述了我国关于《联合国气候变化框架公约》第28次缔约方大会的基本主张和立场。

第28届联合国气候变化大会召开。第28届联合国气候变化大会（COP28）于2023年11月底至12月上旬在阿联酋迪拜世博城召开，这次大会共有198个缔约方参加。会议涵盖气候行动的主要方面，目的是推动将全球升温控制在工业化前水平的1.5摄氏度以内，为此需增加对发展中国家的气候融资和在气候适应领域的投资。会议达成了《阿联酋共识》，共识主要内容包括到2050年实现净零排放、到2030年将可再生能源使用和能效分别提升三倍和一倍、推动金融体系改革等。

## 三、清洁能源发展情况

欧盟出台风电行动计划。2023年10月24日欧盟委员会提出了《欧洲风电行动计划》（以下简称《计划》），《计划》旨在确保欧盟协同推进清洁能源转型和工业竞争力提升。《计划》重点从六个主要领域入手：提高决策部署的可预测性；改进投标设计；保障融资渠道促进获得融资；创造公平竞争的国际环境；加强从业者技能培训；制定《欧洲风能

宪章》改善行业竞争力。《计划》将推动欧盟 2030 年前安装超过 500GW 的风能设备，实现可再生能源占欧盟能源消费总量 42.5%以上的目标。

2023 年德国可再生能源发电量显著增加。根据德国联邦经济和气候保护部数据，2023 年德国可再生能源贡献了超 50%的电力供应，打破历史纪录，风能、光伏和其他可再生能源发电总量约 2724 亿千瓦时。20 年来，德国可再生能源占电力消费的比重逐年增加，2004 年可再生能源占电力消费的比例是 9.4%，2023 年这一比例增加到 51.8%。发生这一巨大变化的原因有以下几点：一是发展可再生能源成为德国的国家战略。2023 年德国先后发布了《德国光伏战略》和《陆上风能战略》，提出到 2030 年实现光伏装机容量 215GW、到 2035 年陆上风电装机容量 160GW 的目标。二是为加速发展可再生能源，在规划流程、审批程序和电网建设方面都有明显改善，审批程序不断简化。三是受益于前几年较好的天气条件（特别是更多的风能）。2023 年电力系统气候目标超额完成，可再生能源在其中做出了巨大贡献。

印度发布最新《国家电力计划》。印度《国家电力计划》每五年发布一次，2023 年 6 月最新国家电力计划（National Electricity Plan 2022—2032）发布（以下简称《计划》）。《计划》提出 2026—2027 年可再生能源累计装机规模将达到 336.6GW，其中风电、光伏装机规模分别达 72.9GW、185.6GW，光伏占比 50%以上。2031—2032 年达到 596.3GW，风电、光伏装机规模分别达到 121.9GW 和 364.6GW。特别要指出 2026—2027 年光伏装机规模将达 186GW。印度新能源和可再生能源部数据显示，截至 2023 年年底，印度累计光伏装机规模为 73.3GW。

2023 年全球可再生能源发电量首次突破 30%。根据全球能源智库 Ember 最新报告，2023 年全球可再生能源发电量创历史新高，占全球总发电量的 30.3%，2022 年这一比例是 29.4%。增长原因主要是风能和太阳能发电的迅速扩张，除此之外还有水力、核电和生物能等其他来源。报告同时指出太阳能是增长最快的可再生能源，发电份额从 2022 年的 4.6%增加到 2023 年的 5.5%。20 多年来，太阳能和风能发电量一直保持稳定的增长趋势。

中国 2023 年清洁能源发电量比上年增长 7.8%。根据《中华人民共和国 2023 年国民经济和社会发展统计公报》数据，2023 年，中国清洁

能源发电量 31906 亿千瓦时，比上年增长 7.8%。光伏电池产量 5.4 亿千瓦，增长 54.0%。2023 年末全国发电装机容量 291965 万千瓦，比上年末增长 13.9%，太阳能发电装机容量贡献最大。具体看，火电装机容量 139032 万千瓦，增长 4.1%；水电装机容量 42154 万千瓦，增长 1.8%；核电装机容量 5691 万千瓦，增长 2.4%；并网风电装机容量 44134 万千瓦，增长 20.7%；并网太阳能发电装机容量 60949 万千瓦，增长 55.2%。

第二章

# 2023 年中国工业节能减排发展状况

## 第一节 工业发展概况

### 一、总体发展情况

国家统计局数据显示，2023 年，全国 GDP 达到 126.1 万亿元，比 2022 年增长 5.2%，两年平均增长 4.1%。其中，第二产业增加值为 48.3 万亿元，比 2022 年增长 4.7%，占全国 GDP 的 38.3%，占比较上年度下降 1.6 个百分点。全部工业增加值为 39.9 万亿元，比 2022 年增长 4.2%，增速较上年度增长 1.5 个百分点，如图 2-1 所示。

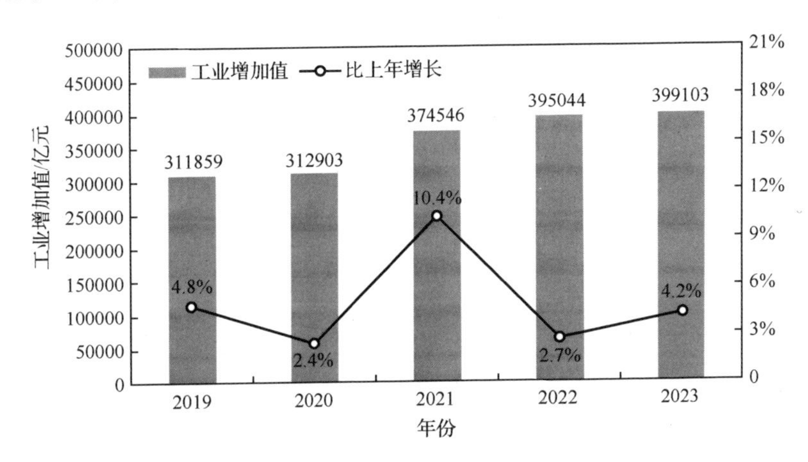


图 2-1 2019—2023 年全部工业增加值及其增长速度变化情况

（数据来源：国家统计局）

规模以上工业增加值增长4.6%，较2022年度增长1.0个百分点[①]。在规模以上工业中，从经济类型看，国有控股企业增加值增长5.0%，较2022年增长1.7个百分点；股份制企业增加值增长5.3%，较2022年增长0.5个百分点；外商及港澳台商投资企业增加值较2022年增长1.4个百分点；私营企业增加值较2022年增长3.1个百分点。从门类看，采矿业增长2.3%，较2022年下降5.0个百分点；制造业增长5.0%，较2022年增长2.0个百分点；电力、热力、燃气及水生产和供应业增长4.3%，较2022年下降0.7个百分点。2019—2023年全部工业增加值和规模以上工业增加值同比变化如表2-1所示。

表2-1 2019—2023年全部工业增加值和规模以上工业增加值同比变化

| 年份 | 全部工业增加值/亿元 | 全部工业增加值同比变化/% | 规模以上工业增加值同比变化/% |
| --- | --- | --- | --- |
| 2019年 | 311859 | 4.8 | 5.7 |
| 2020年 | 312903 | 2.4 | 2.8 |
| 2021年 | 374546 | 10.4 | 9.6 |
| 2022年 | 395044 | 2.7 | 3.6 |
| 2023年 | 399103 | 4.2 | 4.6 |

数据来源：国家统计局

在2023年规模以上工业中，农副食品加工业增加值比2022年增长0.2%，涨幅下降0.5个百分点；纺织业下降0.6%，降幅有所收窄；化学原料和化学制品制造业增长9.6%，涨幅增加3.0个百分点；非金属矿物制品业下降0.5%，降幅有所收窄；黑色金属冶炼和压延加工业增长7.1%，涨幅增加5.9个百分点；通用设备制造业增加2.0%，改变上年度下降趋势；专用设备制造业增长3.6%，与上年度持平；汽车制造业增长13%，涨幅增加6.7个百分点；电气机械和器材制造业增长12.9%，涨幅增加1.0个百分点；计算机、通信和其他电子设备制造业增长

① 《中华人民共和国2023年国民经济和社会发展统计公报》，国家统计局，2024年2月29日。

3.4%[①]，涨幅下降4.2个百分点。

2023年规模以上工业主要产品产量变化及其增长速度如表2-2所示。

**表2-2　2023年规模以上工业主要产品产量及其增长速度**

| 产品名称 | 产量 | 比上年增长/% |
|---|---|---|
| 纱 | 2234.2万吨 | -2.2 |
| 布 | 294.9亿米 | -4.8 |
| 化学纤维 | 7127.0万吨 | 10.3 |
| 成品糖 | 1270.6万吨 | -13.2 |
| 卷烟 | 24427.5亿支 | 0.4 |
| 彩色电视机 | 19339.6万台 | -1.3 |
| 家用电冰箱 | 9632.3万台 | 14.5 |
| 房间空气调节器 | 24487.0万台 | 13.5 |
| 粗钢 | 101908.1万吨 | 0.0 |
| 钢材 | 136268.2万吨 | 5.2 |
| 十种有色金属 | 7469.8万吨 | 7.1 |
| 其中：精炼铜（电解铜） | 1298.8万吨 | 13.5 |
| 原铝（电解铝） | 4159.4万吨 | 3.7 |
| 水泥 | 20.2万吨 | -0.7 |
| 硫酸（折100%） | 9580.0万吨 | 3.4 |
| 烧碱（折100%） | 4101.4万吨 | 3.5 |
| 乙烯 | 3189.9万吨 | 6.0 |
| 化肥（折100%） | 5713.6万吨 | 5.0 |
| 发电机组（发电设备） | 23442.7万千瓦 | 28.5 |
| 汽车 | 3011.3万辆 | 9.3 |
| 其中：新能源汽车 | 944.3万辆 | 30.3 |
| 大中型拖拉机 | 38.0万台 | -7.2 |
| 集成电路 | 3514.4亿块 | 6.9 |

① 《中华人民共和国2023年国民经济和社会发展统计公报》，国家统计局，2024年2月29日。

续表

| 产品名称 | 产量 | 比上年增长/% |
|---|---|---|
| 程控交换机 | 507.0 万线 | -42.6 |
| 移动通信手持机 | 156642.2 万台 | 6.9 |
| 微型计算机设备 | 33056.9 万台 | -17.4 |
| 工业机器人 | 43.0 万套 | -2.2 |
| 太阳能工业用超白玻璃 | 159264.8 万平方米 | 58.6 |
| 充电桩 | 287.8 万个 | 36.9 |

数据来源：国家统计局

新动能成长壮大。2023 年，在全年规模以上工业中，高技术制造业增加值比 2022 年增长 2.7%，占规模以上工业增加值的 15.7%，增长有所放缓，占比小幅上升；装备制造业增加值增长 6.8%，比 2022 年提高 1.2 个百分点[①]，占规模以上工业增加值的比重为 30.3%，占比下降 1.5 个百分点。全年新能源汽车产量为 944.3 万辆，比上年增长 30.3%；太阳能电池（光伏电池）产量为 5.4 亿千瓦，比 2022 年增长 54.0%；服务机器人产量 783.3 万套，增长 23.3%；3D 打印设备产量 278.9 万台，增长 36.2%。在全年规模以上服务业中，战略性新兴服务业企业营业收入比 2022 年增长 7.7%，提高 2.9 个百分点。高技术产业投资比 2022 年增长 10.3%，制造业技术改造投资增长 3.8%。全年电子商务交易额 46.8 万亿元，比 2022 年增长 9.4%，涨幅提高 5.9 个百分点。2023 年，网上零售额 15.4 万亿元，比上年增长 11.0%，涨幅提高 7.0 个百分点。全年新设经营主体 3273 万户，日均新设企业 2.7 万户。

2023 年，全年规模以上工业企业利润呈下降趋势，为 7.7 万亿元，比 2022 年下降 2.3%。从经济类型看，国有控股企业利润为 2.3 万亿元，比 2022 年下降 3.4%；股份制企业利润为 5.7 万亿元，比 2022 年下降 1.2%，外商及港澳台商投资企业利润为 1.8 万亿元，比 2022 年下降 6.7%；私营企业利润为 2.3 万亿元，比 2022 年增长 2.0%。从门类看，采矿业

① 《中华人民共和国 2023 年国民经济和社会发展统计公报》，国家统计局，2024 年 2 月 29 日。

利润为 1.2 万亿元，比 2022 年下降 19.7%；制造业利润为 5.8 万亿元，比 2022 年下降 2.0%，降幅明显回落；电力、热力、燃气及水生产和供应业利润保持增长态势，为 6822 亿元，比 2022 年增长 54.7%。全年规模以上工业企业每百元营业收入中的成本为 84.76 元，基本与 2022 年持平；营业收入利润率为 5.76%，比 2022 年下降 0.2 个百分点。2023 年末规模以上工业企业资产负债率为 57.1%，比 2022 年末下降 0.1 个百分点。全年规模以上工业产能利用率为 75.1%。

## 二、重点行业发展情况

钢铁行业：2023 年，钢铁行业认真落实《钢铁行业稳增长工作方案》各项重点任务，供需保持动态平衡，全行业固定资产投资保持稳定增长，经济效益显著提升。《中国统计年鉴》数据显示，2023 年，我国钢材产量 13.6 亿吨，钢材产量增速为 5.2%，与 2022 年相比有较大幅度增长。

有色金属行业：工业和信息化部官方网站数据显示，2023 年，有色金属行业工业增加值同比增长 7.5%，增幅较工业平均水平高 2.9 个百分点[①]。十种有色金属产量为 7470 万吨，同比增长 7.1%，首次突破 7000 万吨。其中，精炼铜产量 1299 万吨，同比增长 13.5%；电解铝产量 4159 万吨，同比增长 3.7%。2023 年，大宗有色金属产品价格出现分化。其中，铜、铅现货均价分别为 68272 元/吨、15709 元/吨，同比分别增长 1.2%、2.9%；铝、锌、工业硅、电池级碳酸锂现货均价分别为 18717 元/吨、21625 元/吨、15605 元/吨、26.2 万元/吨，同比分别下跌 6.4%、14.0%、22.5%、47.3%。矿产品进口增长，铝产品出口同比下降。2023 年，有色金属进出口贸易总额 3315 亿美元，同比增长 1.5%。进口方面，铜精矿、铝土矿进口实物量分别为 2754 万吨、14138 万吨，同比增长 9.1%、12.9%；出口方面，未锻轧铝及铝材出口量 567.5 万吨，同比下降 13.9%。

石化化工行业：2023 年，石化化工行业认真落实《石化化工行业

① 工业和信息化部：《2023 年有色金属行业运行情况》，2024 年 2 月 7 日。

稳增长工作方案》。中国石油和化学工业联合会数据显示，2023年，全球油气行业在调整重塑中渐进复苏，呈现价格整体回落、供需基本平衡和转型稳妥推进的特点。2023年，石油板块63家上市公司合计主营收入8.2万亿元，净利润0.378万亿元，同比分别下降0.79%和1.94%。其3个子板块油气开采、炼化化工、油服工程盈利均呈现良好态势，产业链盈利向中下游传导。

机械行业：工业和信息化部官方网站数据显示，2023年，我国汽车产销分别完成3016.1万辆和3009.4万辆，同比分别增长11.6%和12%[①]。其中，乘用车产销分别完成2612.4万辆和2606.3万辆，同比分别增长9.6%和10.6%。商用车产销分别完成403.7万辆和403.1万辆，同比分别增长26.8%和22.1%。2023年，新能源汽车产销分别完成958.7万辆和949.5万辆，同比分别增长35.8%和37.9%；新能源汽车新车销量达到汽车新车总销量的31.6%。2023年，全国汽车整车出口491万辆，同比增长57.9%。新能源汽车出口120.3万辆，同比增长77.6%。2023年，全国造船完工量4232万载重吨，同比增长11.8%；新接订单量7120万载重吨，同比增长56.4%；截至12月底，手持订单量13939万载重吨，同比增长32.0%。2023年，我国造船完工量、新接订单量和手持订单量以载重吨计分别占全球总量的50.2%、66.6%和55.0%，前述各项指标国际市场份额均保持世界第一。

纺织行业：工业和信息化部官方网站数据显示，2023年，纺织行业利润总额同比增长7.2%。全年规模以上纺织企业工业增加值同比下降1.2%，营业收入4.7万亿元，同比下降0.8%；利润总额1802亿元，同比增长7.2%。规模以上企业纱、布、服装产量同比分别下降2.2%、4.8%、8.7%，化纤产量同比增长10.3%。全国限额以上单位消费品零售总额178563亿元，同比增长6.5%，其中，限额以上单位服装鞋帽、针纺织品类商品零售额同比增长12.9%，实物商品网上穿类商品零售额同

① 工业和信息化部：《2023年12月汽车工业经济运行情况》，2024年1月11日。

比增长10.8%[①]。2023年，我国纺织品服装累计出口2936亿美元，同比下降8.1%，其中12月当月出口253亿美元，同比增长2.6%，重新恢复单月正增长。

轻工行业：工业和信息化部官方网站数据显示，2023年，规模以上家具制造业企业营业收入6555.7亿元，同比下降4.4%，降幅较2022年有所放缓；实现利润总额364.6亿元，同比下降6.6%。2023年，家电行业主要产品产量出现较大幅度增长。其中，家用电冰箱产量9632.3万台，同比增长14.5%；房间空气调节器产量2.4亿台，同比增长13.5%；家用洗衣机产量10458.3万台，同比增长19.3%。全国机制纸及纸板产量14405.5万吨，同比增长6.6%。规模以上造纸和纸制品业企业营业收入1.4万亿元，同比下降2.4%；实现利润总额508.4亿元，同比增长4.4%。全国塑料制品行业产量7488.5万吨，同比增长3.0%。规模以上皮革、毛皮、羽毛及其制品和制鞋业企业营业收入7986.1亿元，同比下降5.8%；实现利润总额444.1亿元，同比增长2.0%。

电子信息制造业：工业和信息化部官方网站数据显示，2023年，我国电子信息制造业生产恢复向好，出口降幅收窄，效益逐步恢复，投资平稳增长。规模以上电子信息制造业增加值同比增长3.4%，增速比同期工业低1.2个百分点，但比高技术制造业高0.7个百分点[②]。规模以上电子信息制造业实现营业收入15.1万亿元，同比下降1.5%；营业成本13.1万亿元，同比下降1.4%；实现利润总额6411亿元，同比下降8.6%；营业收入利润率为4.2%。在主要产品中，手机产量15.7亿台，同比增长6.9%，其中智能手机产量11.4亿台，同比增长1.9%；微型计算机设备产量3.31亿台，同比下降17.4%；集成电路产量3514亿块，同比增长6.9%。据海关统计，2023年，我国出口笔记本电脑1.4亿台，同比下降15.1%；出口手机8.02亿台，同比下降2%；出口集成电路2678亿个，同比下降1.8%。

---

① 工业和信息化部：《2023年纺织行业利润总额同比增长7.2%》，2024年1月29日。

② 工业和信息化部：《2023年电子信息制造业运行情况》，2024年1月30日。

## 第二节　工业能源资源消费状况

### 一、能源消费情况

我国是能源消费大国。据《2023年国民经济和社会发展统计公报》，初步核算，2023年，全年能源消费总量57.2亿吨标准煤，比2022年增长5.7%。煤炭消费量增长5.6%，原油消费量增长9.1%，天然气消费量增长7.2%，电力消费量增长6.7%。煤炭消费量占能源消费总量比重为55.3%，比2022年下降0.7个百分点；天然气、水电、核电、风电、太阳能发电等清洁能源消费量占能源消费总量比重为26.4%，上升0.4个百分点[①]。重点耗能工业企业单位电石综合能耗下降0.8%，单位合成氨综合能耗上升0.9%，吨钢综合能耗上升1.6%，单位电解铝综合能耗下降0.1%，每千瓦时火力发电标准煤耗下降0.2%。初步测算，扣除原料用能和非化石能源消费量后，全国万元国内生产总值能耗比2022年下降0.5%。全国碳排放权交易市场碳排放配额成交量2.12亿吨，成交额144.4亿元。

我国的能源消费总量在增长，同时能源消费结构在向更加清洁、更加可持续的方向发展，清洁能源替代作用持续增强。煤炭在我国能源消费总量中的比重逐年下降，清洁能源消费比重持续上升。2023年我国清洁能源消费量占能源消费总量的比重为26.4%，较2022年增加0.4个百分点。2019—2023年我国清洁能源消费量占能源消费总量的比重如图2-2所示。

2023年年末，全国发电装机容量291965万千瓦，比2022年末增长13.9%。其中，火电装机容量139032万千瓦，增长4.1%；水电装机容量42154万千瓦，增长1.8%；核电装机容量5691万千瓦，增长2.4%；并网风电装机容量44134万千瓦，增长20.7%；并网太阳能发电装机容

---

① 《中华人民共和国2023年国民经济和社会发展统计公报》，国家统计局，2024年2月29日。

量 60949 万千瓦，增长 55.2%[①]。

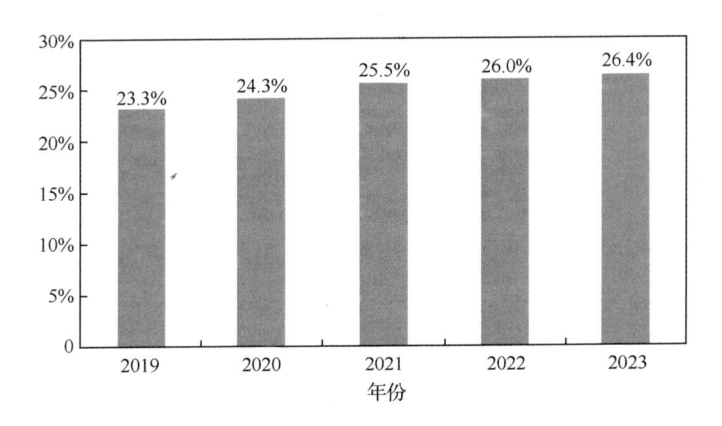


图 2-2　2019—2023 年我国清洁能源消费量占能源消费总量的比重
（数据来源：国家统计局）

## 二、资源开发利用情况

水资源：《2023 年国民经济和社会发展统计公报》显示，全年水资源总量 24780 亿立方米。总用水量 5907 亿立方米，比上年下降 1.5%。其中，生活用水增长 0.5%，工业用水增长 0.2%，农业用水下降 2.9%，人工生态环境补水增长 3.9%。万元国内生产总值用水量 50 立方米，下降 6.4%。万元工业增加值用水量 26 立方米，下降 3.9%。人均用水量 419 立方米，下降 1.4%[②]。

土地资源：《2023 年中国自然资源公报》显示，全国共有耕地 12758.0 万公顷、园地 2011.3 万公顷、林地 28354.6 万公顷、草地 26428.5 万公顷、湿地 2356.9 万公顷、城镇村及工矿用地 3596.8 万公顷、交通运输用地 1018.6 万公顷、水域及水利设施用地 3629.6 万公顷。2023 年，全国批复建设用地预审项目 17168 个，涉及用地总面积 32.9 万公顷，同

① 《中华人民共和国 2023 年国民经济和社会发展统计公报》，国家统计局，2024 年 2 月 29 日。

② 《中华人民共和国 2023 年国民经济和社会发展统计公报》，国家统计局，2024 年 2 月 29 日。

比分别增长 15.3%和 14.9%[①]。分类型看，交通运输、水利设施、能源和其他项目用地分别占用地总面积的 57.8%、4.2%、13.7%和 24.3%。2023 年，全国批准建设用地面积 45.6 万公顷，同比下降 0.9%。

矿产资源：《2023 年中国自然资源公报》显示，截至 2022 年末，全国已发现矿产资源 173 种，其中能源矿产 13 种，金属矿产 59 种，非金属矿产 95 种，水气矿产 6 种。2022 年，中国近四成矿产储量均有上升。其中，储量大幅增长的有铜、铅、锌、镍、萤石、晶质石墨等。根据 2023 年全国油气储量统计快报数据，全国油气勘查新增探明储量总体保持高位水平，石油勘查新增探明地质储量连续 4 年稳定在 12 亿吨以上，天然气、页岩气、煤层气合计勘查新增探明地质储量连续 5 年保持在 1.2 万亿立方米以上[②]。石油勘查新增探明地质储量 12.7 亿吨，其中新增探明技术可采储量 2.2 亿吨。截至 2023 年末，全国石油剩余技术可采储量 38.5 亿吨，同比增长 1.0%。

## 三、污染治理情况

《2023 年中国生态环境状况公报》显示，2023 年，固定污染源排污许可"全覆盖"，363.9 万家固定污染源纳入排污管理，其中核发排污许可证 36.0 万家（重点管理 10.1 万家、简化管理 25.9 万家）、排污登记 327.9 万家，管控水污染物排放口 53.7 万个、大气污染物排放口 109.7 万个。

工业废气方面：2023 年，全国参与统计调查的涉气工业企业废气治理设施共有 441642 套，二氧化硫去除率为 96.6%，氮氧化物去除率为 76.6%[③]。

工业废水方面：2023 年，全国参与统计调查的涉水工业企业废水治理设施共有 79488 套，处理能力为 19914.0 万吨/日。

一般工业固体废物方面：2023 年，全国一般工业固体废物产生量为 42.8 亿吨，综合利用量为 25.7 亿吨，处置量为 8.7 亿吨。

---

① 《2023 年中国自然资源公报》，自然资源部，2024 年 2 月 28 日。
② 《2023 年中国自然资源公报》，自然资源部，2024 年 2 月 28 日。
③ 《2023 中国生态环境状况公报》，生态环境部，2024 年 6 月 5 日。

危险废物：2023 年，全国约有 7.7 万家单位危险废物年产生量在 10 吨及以上，申报产生约 1.1 亿吨危险废物[①]。截至 2023 年年底，全国约有 3600 家危险废物集中利用处置单位，集中利用处置能力约 2.1 亿吨/年。

## 第三节 工业节能减排状况

### 一、工业节能降碳进展

实施工业节能监察和诊断服务。工业和信息化部聚焦钢铁、石化、化工、建材、有色金属、数据中心等重点用能行业领域，对全国 4391 家企业开展节能监察，督促企业依法依规用能。支持 113 家节能服务机构为 1863 家中央企业、专精特新和“小巨人”企业开展节能诊断服务，帮助企业深挖节能降碳潜力。

强化节能降碳技术装备推广应用。工业和信息化部发布《国家工业资源综合利用先进适用工艺技术设备目录（2023 年版）》《石化化工行业鼓励推广应用的技术和产品目录（第二批）》等，加快先进适用技术推广。实施电机、变压器能效提升行动计划，培育材料、研发、配件、设备、服务等节能环保产业链专精特新“小巨人”企业 360 家，提升高效节能装备供给和能效水平。组织有关单位开展 12 场“节能服务进企业”活动，推动供需对接。

强化能效和绿色制造标杆引领。工业和信息化部会同有关部门发布 43 家重点用能行业能效“领跑者”企业名单及先进能效指标、43 家国家绿色数据中心名单，分领域发布典型经验与做法，带动行业整体能效水平提升。全年培育绿色工厂 1488 家、绿色工业园区 104 个、绿色供应链管理企业 205 家、工业产品绿色设计示范企业 107 家。开展国家高新区绿色发展专项行动，指导 160 个国家高新区编制《绿色发展五年行动方案》，面向 38 个国家高新区征集 80 个绿色低碳技术应用场景创新案例，推动国家高新区绿色化智能化融合发展。

① 《2023 中国生态环境状况公报》，生态环境部，2024 年 6 月 5 日。

优化工业用能结构。工业和信息化部聚焦钢铁、有色、石化、化工、建材、机械、电子及基站等行业领域，遴选发布19个工业绿色微电网典型应用场景与案例，总结先进技术和运营模式予以推广。开展智能光伏试点示范活动，遴选45家示范企业和81个智能光伏特色应用项目，推动智能光伏的产品、技术和商业模式创新。培育核电装备、风能、太阳能、电池等绿色低碳产业链专精特新“小巨人”企业1300余家，保障节能装备产品高质量供给。

## 二、工业节水进展

工业是我国最重要的用水部门之一，工业用水量大、供水比较集中，节水潜力相对较大。随着工业节水工作的推进，我国工业用水总量呈下降态势，2022年全年工业用水下降7.7%。聚焦重点用水行业和重点缺水地区，深入实施工业水效提升行动，推广先进适用技术装备，遴选115家水效领跑企业、园区，推进工业废水循环利用，遴选32家企业和园区开展试点[①]。工业用水总量和强度大幅下降，2022年全国工业用水量（取新水量）较2012年下降29.8%，万元工业增加值用水量较2012年下降60.4%。工业重复用水率稳步提升，规模以上工业重复用水率连续10年提高，2022年超过93%，钢铁、石化化工行业分别超过97%和95%，处于国际先进水平。

为落实《工业水效提升行动计划》（工信部联节〔2022〕72号）、《工业废水循环利用实施方案》（工信部联节〔2021〕213号）工作部署，加快先进节水工艺、技术、装备研发和应用推广，提升工业用水效率，2023年11月，工业和信息化部、水利部印发了《国家鼓励的工业节水工艺、技术和装备目录（2023年）》。目录的发布有助于推动钢铁、石化化工、纺织印染、造纸、食品、有色金属、皮革、制药、电子、建材、蓄电池、煤炭、电力等重点工业行业节水技术水平的整体提升。

---

① 莫君媛，黄晓丹等. 我国工业绿色发展取得积极成效. 数字经济，2023(07).

## 三、工业减排进展

落实电器电子产品有害物质限制使用相关要求。根据《电器电子产品有害物质限制使用管理办法》（工业和信息化部等 8 部门 2016 年第 32 号令）、《电器电子产品有害物质限制使用合格评定制度实施安排》（市场监管总局 2019 年第 23 号公告）相关规定，2019 年 11 月 1 日后出厂、进口的电冰箱、洗衣机、电视机等十二大类产品，须开展电器电子产品有害物质限制使用合格评定，并将结果报送电器电子产品有害物质限制使用（中国 RoHS）公共服务平台[①]。2019 年 12 月，由工业和信息化部联合市场监督管理总局建设的中国 RoHS 公共服务平台正式上线运行，用于统一管理电器电子产品有害物质限制使用合格评定信息、公布合格评定结果，具有合格评定信息报送、公开查询、统计分析、信息发布等功能。截至 2023 年 12 月底，共有 1357 家企业在平台上传合格评定信息 17394 条，涉及产品 26605 种。

积极推动环保装备制造业高质量发展。为落实《环保装备制造业高质量发展行动计划（2022—2025）年》（工信部联节〔2021〕237 号）工作部署，加快先进环保技术装备研发和推广应用，提升环保装备制造业整体水平和供给质量，2023 年 12 月，工业和信息化部、生态环境部发布了《国家鼓励发展的重大环保技术装备目录（2023 年版）》。目录覆盖大气污染防治、水污染防治、固废处理处置、环境监测专用仪器仪表、环境污染防治设备专用零部件、噪声与振动控制等细分领域。涉及的技术装备行业领先，处于开发、应用或推广阶段。各领域技术装备符合相关产品质量标准、环境保护设施验收技术规范要求，应用后污染物控制优于国家污染排放相关标准要求，或优于重点区域、重点流域、重点行业特别排放限值等相关要求。此外，按照《环保装备制造行业（大气治理）规范条件》《环保装备制造行业（污水治理）规范条件》《环保装备制造行业（环境监测仪器）规范条件》《环保装备制造业（固废处

① 工业和信息化部：《电器电子产品有害物质限制使用（中国 RoHS）信息报送情况（截至 2023 年 12 月 31 日）》，2024 年 1 月 2 日。

理装备）规范条件》有关要求，经企业自愿申报、地方工业和信息化主管部门审核推荐、专家评审、网上公示等程序，遴选出一批符合上述规范条件的企业名单并予以公告。

## 四、工业资源综合利用进展

加强再生资源高值化循环利用。持续实施废钢铁、废塑料、废旧轮胎、废纸、新能源汽车废旧动力蓄电池等再生资源综合利用行业规范管理，培育973家规范企业。与2012年相比，2022年10种重要再生资源综合利用总量提高约1.4倍。实施覆盖动力电池全生命周期的流向溯源管理，推动汽车生产企业、梯次利用企业设立回收网点10000余个，覆盖31个省（区、市）的327个地区。培育梯次利用和再生利用骨干企业84家，骨干企业动力电池金属再生利用率处于国际先进水平，梯次利用产品已应用于低速车、基站备电、储能等领域。

推动先进适用技术推广。2023年7月，工业和信息化部联合国家发展改革委、科技部、生态环境部等四部委共同发布《国家工业资源综合利用先进适用工艺技术设备目录（2023年版）》，旨在推动先进适用技术推广，提升行业技术水平。目录共涉及工业固废减量化、工业固废综合利用、再生资源回收利用及再制造4个细分领域，88项工艺技术设备。为更好发挥目录的引导作用，搭建工业资源综合利用企业与需求用户的有效对接渠道，工业和信息化部组织编制了针对目录核心内容的供需对接指南，列举了各项技术装备的主要支撑单位，并梳理了技术装备的适用范围、原理与工艺、技术指标、功能特性、应用案例等情况，供参考借鉴。

第三章

# 2023 年中国工业节能环保产业发展

## 第一节 总体状况

### 一、发展形势

节能环保产业是国家重点培育的战略性新兴产业，具有带动经济增长和应对环境问题双重属性，是推进产业高质量发展、实现“双碳”目标的重要抓手，也是加快培育发展新质生产力的重要支撑。根据《节能环保清洁产业统计分类（2021）》（国家统计局令第 34 号），节能环保产业可分为高效节能、先进环保、资源循环利用、绿色交通车船和设备制造四大子产业[①]。从细分子产业来看，节能环保产业涉及大气、水、固废、土等多领域，涵盖建筑、工业、工程、研发等多行业[②]。2023 年，节能环保产业总产值接近 14 万亿元，年增速超过 15%。节能环保产业中的中小企业占 85%以上，规模以上企业约 2.7 万家。

从政策体系来看，我国节能环保产业发展主要依靠国家政策拉动和法规标准倒逼，自 2013 年起，我国的相关政府机构出台了一系列政策措施，旨在促进节能环保产业的高质量发展。在经历了发展早期（“十

① 节能环保清洁产业统计分类（2021）[J]. 中华人民共和国国务院公报，2021, (31): 63-100.

② 王祖恺. 节能环保产业的定义与范围[J]. 中国战略新兴产业，2017, (12): 45-46.

一五”期间）、历史机遇期（“十二五”期间）和发展成熟期（“十三五”期间）后，有利于节能环保产业发展的制度政策体系基本形成。同时我国也在不断推动节能环保行业标准体系的建立，陆续发布了《工业企业能源管理导则》《节能监测技术通则》《企业节能标准体系编制通则》《能源管理体系》《中华人民共和国环境保护行业标准》等国家标准和行业导则。据生态环境部统计，截至 2022 年年底，现行国家生态环境标准达到 2298 项，基本覆盖了建筑、电力、交通运输、有色金属等节能环保领域的关键行业。

从技术层面来看，随着科技的不断进步，节能环保行业的技术也在不断发展和创新，节能环保产业新业态新模式不断涌现，许多新兴技术如信息技术、云计算、物联网、大数据等在节能环保领域的应用逐渐深化，各行业领域的新技术正在加速与节能环保产业融合，进一步带动了节能环保产业向智能化、数字化、系统化升级。例如，智慧水务、智能电网、物联网、“互联网+回收”等智慧环保模式正在迅速发展，逐渐成为大型环保企业投资和战略规划的焦点领域。

## 二、发展现状

### （一）加快构建碳排放双控制度体系，开展节能降碳行动

党的十八大以来，国家把绿色低碳和节能减排摆在突出位置，坚持节约优先方针，更高水平、更高质量地做好节能工作。2023 年，中央全面深化改革委员会第二次会议审议通过了《关于推动能耗双控逐步转向碳排放双控的意见》，强调立足我国生态文明建设已进入以降碳为重点战略方向的关键时期，完善能源消耗总量和强度调控，逐步转向碳排放总量和强度双控制度[①]。2024 年国务院常务会议审议通过《2024—2025 年节能降碳行动方案》和《加快构建碳排放双控制度体系工作方案》，强调要聚焦重点领域推进节能降碳，加大节能降碳工作推进力度，尽最大努力完成“十四五”节能降碳约束性指标，加快构建碳排放双控

① 王欢，刘诚，李兵，等. 基于欧盟新《电池法》对我国有色金属工业标准体系构建的思考[J]. 绿色矿冶，2023, 39(06): 1-6.

制度体系。国家政策的密集出台，加快形成节能降碳的激励约束机制，也为节能环保产业营造了良好的政策环境。

### （二）绿色低碳引领发展，绿色制造水平不断提升

以创建绿色工厂、建设绿色工业园区和构建绿色供应链为牵引，积极推动传统产业绿色低碳转型，将循环、节能、环保的绿色理念融入生产制造相关环节中，全面推行绿色生产方式。“十四五”时期，我国绿色制造体系建设更上一层楼，从国家、省、市三个层面每年遴选一批绿色制造名单，截至 2023 年，国家层面共创建绿色工厂 5095 家，绿色工业园区 371 家，绿色供应链企业 605 家，并推动省、市两级建立绿色制造体系，国家级绿色工厂产值占规模以上制造业产值的比重超过 17%。绿色产品供给加大，累计推广近 3.5 万种绿色产品，培育了 451 家绿色设计示范企业。截至 2024 年 1 月，140 家企业获得绿色环保领域专精特新“小巨人”企业认定。

### （三）财政支持不断增加，行业发展加速

财政是推动绿色低碳发展的重要支撑和基本手段，近年来多地继续加大对生态环保工作的财政支持力度。2023 年国家用于环境保护的财政支出为 5633 亿元，同比增长 4.4%，2013—2023 年，全国节能环保财政支出规模年均增长率达 5.07%，国家财政用于环境保护的整体资金投入有扩大趋势（见图 3-1），多个经济大省的节能环保支出占公共预算的支出还在持续增长。2023 年，新疆维吾尔自治区投入资金 426.8 亿元，支持打好蓝天、碧水、净土保卫战，推进多个重点项目实施。2023 年广东省节能环保支出同比增长 1.1%。上海市财政节能环保支出 255 亿元，同比增长 25.1%。在 2024 年财政预算中，北京将安排节能环保支出 152.1 亿元，支持绿色低碳产业发展。在税收方面，国家税务总局发布《支持绿色发展税费优惠政策指引》，从多个方面实施了 56 项支持绿色发展的税费优惠政策，给予节能环保等产业税费优惠[①]。在金融方面，

① 范超. 我国环保装备产业发展现状分析及对策建议[J]. 机电工程技术，2022, 51(11): 93-95, 158.

我国碳减排支持工具延续实施至 2024 年末，2023 年，我国碳减排支持工具、支持煤炭清洁高效利用专项再贷款合计增加 4251 亿元。，精准支持绿色低碳领域相关产业投资。

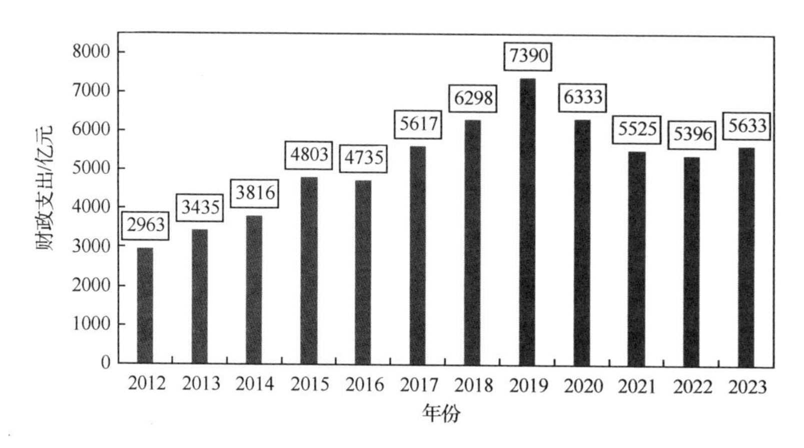


**图 3-1　2012—2023 年国家环境保护财政支出**

（数据来源：中国节能协会节能服务产业委员会）

## 第二节　节能产业

节能产业是指采用新材料、新装备、新产品、新技术和新服务模式，在全社会能源生产和能源利用的各领域，尽可能减少能源资源消耗和高效合理利用能源的产业。根据国家统计局《节能环保清洁产业统计分类（2021）》（2021 年 7 月 26 日，第 34 号令），节能产业包括：高效节能通用设备制造、高效节能专用设备制造、高效节能电气机械和器材制造、节能计控设备制造、绿色节能建筑材料制造、节能工程勘察设计与施工、节能技术研发与技术服务 7 个大类 23 个小类。“十一五”以来，在国家政策推动下，我国节能产业蓬勃发展，技术水平不断提升，产业规模不断扩大，从业人员不断增加，为促进我国节能减排事业和经济高质量发展做出重要贡献。

### 一、发展情况

2022 年，我国节能产业总产值约 3.3 万亿元。其中，节能产品产值

约 1.5 万亿元；重大节能技术与装备产业产值约 1.3 万亿元，节能服务业产值约 0.5 万亿元。根据节能服务产业委员会（EMCA）统计，2023 年我国节能服务公司达到 13801 家，同比增长 16.6%。节能服务产业从业人员达到 96.3 万人，同比增长 8.7%。总产值为 5202 亿元，同比增长 1.7%。2023 年，新增合同能源管理项目投资 1647 亿元，项目落地后可实现节能量 4384 万吨标准煤/年，减少二氧化碳排放 10785 万吨，对我国扎实推进绿色化发展起到重要作用。

从分布省份看，2023 年，我国节能服务公司数量最多的 3 个省分别为江苏省、广东省和山东省，总数均突破 1200 家。2023 年新增节能服务公司数量最多的 4 个省分别为广东省、江苏省、山东省和浙江省，新增个数均突破 150 家。2023 年，西藏自治区节能服务公司增长率高达 62%，为全国最高；华南地区节能服务公司数量总体增长强势，增长率为 23%～35%；云南省和宁夏回族自治区位居全国第三和第五，增长率均突破 25%。北京市、福建省、重庆市和东北地区过去一年节能服务公司数量增长较缓慢。

从分布区域看，我国华东地区节能服务公司数量最多，共 5596 家；其次是华北地区（2612 家）、华南地区（1711 家）和华中地区（1534 家）；西南地区（860 家）、东北地区（762 家）和西北地区（726 家）节能服务公司数量较少。从公司规模看，华北地区注册资金在 2000 万元以上的节能服务公司占比超过 27%，节能公司体量较其他地区更大。注册资金在 1 亿元以上的节能服务公司主要分布在华东地区和华北地区，分别占全国注册资金 1 亿元以上的节能服务公司的 33%和 30%。

## 二、重点行业节能降碳技术

### （一）钢铁行业节能降碳技术[①]

1. 免加热与压展一次成型节能轧制技术（适用于钢铁行业热轧工艺）

采用热展成型设备，无须使用加热炉，充分利用熔融态钢坯的热量

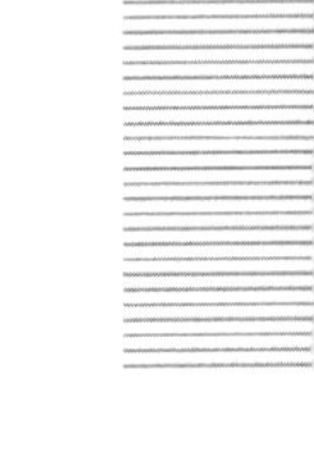

① 《国家工业和信息化领域节能降碳技术装备推荐目录（2024 年版）》，第 1-2 页。

提高连铸钢坯温度，在连铸工序精准控制钢坯温度，直接进行热轧制，实现免加热轧制。通过连续多次微压，防止热金属在轧制压下过程产生宽展，实现钢型材或零部件无宽展成型。

2. 富氢碳循环氧气高炉低碳冶金技术（适用于钢铁行业长流程低碳炼钢）

开发新型高炉和冶金煤气回收装置，高炉煤气经回收装置进行脱碳处理变成氢气。采用多介质复合喷吹技术，将加热后的氢气送入高炉作为冶炼还原剂，脱碳产生的二氧化碳通过碳捕集技术进行收集，充分利用煤气热值和化学能，实现冶金煤气循环利用和富氢全氧冶炼，比同容积高炉生产效率提高 40%。

3. 富氢低碳冶炼技术（适用于钢铁行业高炉）

开发冶金用氢气一体化大规模供应系统和高炉多模式喷氢装备，根据高炉冶炼反应工况自动控制氢气流量，氢气通过高炉风口或炉身下部喷吹到高炉内。利用氢代替碳作为炼铁过程还原剂及燃料，纯氢气喷吹量可达每小时 1800 立方米，降低焦比 10%以上。

4. 基于薄带铸轧的短流程薄带钢生产技术（适用于薄带钢生产）

液态钢水通过布流系统注入由侧封板及 2 个旋转方向相反的铜铸辊形成的熔池中，在铜铸辊中通过的冷却水将钢水的热量带走。凝固的钢液在两个铜铸辊的缝隙之间经挤压，可直接连续生产出厚度为 1.4～2.1mm 的铸带，再经一道次热轧生产出厚度为 0.7～1.9mm 的热轧薄带钢，钢水直接凝固为钢带，多道次热轧精简为一道次。

5. 钢铁烧结烟气选择性循环技术（适用于钢铁行业烧结烟气治理）

基于烧结风箱烟气排放特征的差异，选择特定风箱段，烟气除尘后在烧结台车表面循环利用，降低烧结烟气和污染物排放总量。通过优化循环热风参数，烟气显热供给烧结混合料，进行热风烧结，改善表层烧结矿质量，实现节能减污降碳协同治理。

6. 高温固体散料余热直接回收技术（适用于钢铁行业高温固体散料/颗粒的显热回收利用）

采用固体散料冷却及余热回收一体化装置，无须引入中间气体换热介质，直接回收高温固体散料显热。高温固体颗粒利用自身重力向下缓慢流动，通过移动散料填充床，以固体换热方式与锅炉汽水受热管进行

一次换热。通过换热直接产生高品质过热蒸气用于发电或供热等其他工业用处。

7. 大容量工业余热回收离心式热泵机组技术（适用于钢铁等行业余热回收）

采用高效永磁同步变频直驱技术，结合多级压缩、级间补气、强化换热等关键技术，通过蒸发器从低位热源吸收热量，依次经过压缩机、冷凝器，制取高温热水，实现热量从低温侧向高温侧转移；视温升不同，热泵机组消耗电力是直热方式的15%～70%。

## （二）有色金属行业节能降碳技术①

1. 磁致聚合燃烧加速器（适用于有色金属行业以天然气为主要燃料的工业炉窑）

采用磁螺旋增进装置，对进入阳极焙烧炉燃烧室的天然气甲烷分子团施加梯度磁场。甲烷分子团在大磁场强度梯度段被排斥及磁化后，其逆磁性质量磁化率大幅提升，减小天然气与氧气磁化率的绝对值差值。该装置使甲烷分子更易与在燃烧室内带顺磁性的氧气分子结合燃烧，燃烧过程更充分，温度场更均匀。

2. 智能光电选矿技术（适用于有色金属行业预选矿工艺）

原矿在通过皮带传输或进入环形入料口自由落体时采集多种光线进行穿透照射成像。将图像送入计算机人工智能系统进行分析识别，识别数据用于精准捕捉矿石位置和控制喷阀打击矿石，使其落入相应区域，以完成分选过程。整个分选过程只需几毫秒，每秒可处理3000～10000颗矿石的全自动分选。

3. 金属构件装配式充填挡墙及其高效封闭技术（适用于有色矿山井下充填工序）

采用弧形墙体结构，主体包括内凸式弧形装配式骨架、钢筋网层和土工织物脱水封闭层3层。利用拱结构原理，构建弧形钢骨架作为主要

① 《国家工业和信息化领域节能降碳技术装备推荐目录（2024年版）》，第3～4页。

受力单元。弧形钢梁可以适应微小变形，将所受载荷传导至两侧岩体，充分发挥结构自承载能力，有效提高墙体整体稳定性。弧形钢梁能够完全替代钢筋混凝土挡墙，降低水泥用量。

4. 电解铝预焙阳极纳米陶瓷基高温防氧化涂层（适用于电解铝行业）

将纳米陶瓷基高温防氧化涂层材料喷涂在铝电解槽的阳极炭块侧表面，当加热到400℃时，涂层材料晶粒收缩，晶粒间隙小于气体分子直径，形成坚固致密的陶瓷基隔绝层，可阻止周围的高温空气、二氧化碳和电解质蒸汽对阳极炭块的氧化侵蚀，实现炭块的隔绝保护。在恒定的电流强度下，与无涂层阳极相比，涂层阳极的使用寿命延长1～1.5天。

5. 多氧燃烧技术（适用于有色金属行业窑炉设备）

设计优化窑炉助燃系统，利用氧气代替空气助燃，通过氧气增压、输送阀门控制器，动态控制一、二次氧输入比例。控制器采用可编程逻辑控制模式，可实现自动点火、燃料和氧气精确配比、燃烧过程可控等功能。火焰长度可调、燃烧充分，且没有氮气参与燃烧造成的热能浪费和氮氧化物排放。

## （三）石化化工行业节能降碳技术[①]

1. 高效尿素合成工艺技术（适用于化工行业尿素合成工艺）

采用两段法尿素合成技术，将合成反应分成2个流程：第一步生成甲铵反应，采用低氨气/二氧化碳比和高水/二氧化碳比，提高甲铵冷凝温度，副产压力更高的低压蒸气；第二步生成尿素反应，采用高氨气/二氧化碳比和低水/二氧化碳比，获得更高合成转化率。未反应物料的分解回收部分后移至中压系统，尿素蒸气消耗低于650kg/t。

2. 橡胶串联密炼技术（适用于橡胶轮胎生产工艺）

采用全封闭式上下工位密炼机，上密炼室容量小填充系数大，下密炼室容量大填充系数小。通过提高散热性降低生热速度，保证下工位的恒温反应，满足对温度敏感新型胶料的密炼要求，可实现胶料低温炼胶。

---

① 《国家工业和信息化领域节能降碳技术装备推荐目录（2024年版）》，第5～7页。

混炼工艺合为一段，胶料混炼时间缩短，热量损失小，无须经过挤出压片和置于空气中冷却，无污染废气排出。

3. 全重力平衡油气水处理一体化技术（适用于油气田油气水处理工艺）

采用多腔室重力流体平衡系统装置，该装置集成了全重力平衡油气水处理、加药、气浮、反冲洗设备。在全压力平衡条件下利用重力实现管道段塞流体稳定气液分离、定向加热、小腔室微电场电脱水、净水沉降、净油沉降、自气浮、自冲洗等功能，且全程密闭，无挥发性有机物排放，无固废、液废外排。

4. 五塔四效甲醇精馏技术（适用于甲醇精馏工艺）

通过优化甲醇精馏工艺装备系统设计，在“3+1”塔的四塔双效基础上，增加1台加压塔，3台加压塔之间相互热耦合，可为预精馏塔提供足够热量，实现能量梯级利用。同时增加蒸气减压闪蒸罐，实现蒸气和蒸气凝液合理利用，塔釜增加釜液缓冲罐，提高系统稳定性。采用DCS智能化管控系统控制精馏系统，灵敏度高，响应快、操作方便。

5. 乙烯裂解炉节能陶纤衬里材料技术（适用于化工行业大型炼化装置）

开发适用于乙烯裂解炉轻质化、低导热系数的陶纤表面热防护涂料。通过在乙烯裂解炉内层涂装热防护涂层及复合陶纤模块，结合榫卯连接及液体锚固技术，使陶瓷纤维衬里具有抗高温、抗高流速烟气冲刷的特点。替代耐火砖应用于乙烯裂解炉下部炉墙，无须烘炉操作，提高生产效益。

6. 硫铁矿制酸系统协同利用有机废硫酸节能降碳技术（适用于硫铁矿制酸行业）

优化沸腾炉内部结构，以废硫酸为原料替代原料硫铁矿，集成硫铁矿制酸与有机废硫酸分解系统，回收余热高温裂解废硫酸。通过废硫酸的掺烧代替水调节沸腾炉温度，使炉温保持在950～1050℃，实现沸腾温度的精确调控和热量循环利用。利用废硫酸裂解为二氧化硫来调节硫铁矿制酸的气体二氧化硫浓度，不使用天然气。

7. 炼油加热炉节能降碳成套技术（适用于化工行业炼油加热炉）

开发新型炼油加热炉，集成炼油加热炉高效空气预热、高效燃烧、

高效传热、新型挡板、系统智能控制及烟气余热回收利用等技术。通过合理匹配炉型燃烧器和盘管构型、增加高效耐腐蚀换热设备和智能控制系统，实现加热炉炉膛氧含量的精准控制和高效燃烧、烟气余热循环利用，降低氮氧化物生成和排烟温度。控制系统具有自学习能力，可根据加热炉燃烧状况动态设置运行参数。

8. 加压气相淬冷法制三聚氰胺大型化成套技术（适用于三聚氰胺制备工艺装置）

通过大直径高负荷流化床反应器，以尿素为原料，发生催化反应生成三聚氰胺、氨和二氧化碳气体。氨和二氧化碳混合气在整个系统中循环，其中低温混合气用于气态三聚氰胺淬冷凝华。在常规气相法基础上，增加系统操作压力，充分回收利用系统热量，解决气体泄漏、固体堵塞、设备放大效应等问题，提升反应器单位容积产能。

9. 涡节和丁胞换热设备技术（适用于化工行业列管式换热器）

通过在管壁增加螺旋排布涡坑结构，利用壁面涡旋的扰动，强化涡节和丁胞换热管的换热能力。结合流场模拟技术优化和稳定温度场，提升换热设备换热能力，同时辅以复合涂层技术强化防腐，确保设备抗低温腐蚀能力，降低排烟温度，提高换热温差，回收利用尾部烟气余热，缓解原换热设备灰堵结垢等问题。

10. 基于溴化锂机组的工业余热回收技术（适用于煤化工行业余热回收利用）

采用大温差型溴化锂吸收式冷热水机组，回收60～100℃工业低品位余热制取冷热水，实现低温余热夏季制冷、冬季供暖，余热利用温差达40℃。采用循环氨水为热源的制冷技术，解决溴化锂吸收式制冷机组的换热管腐蚀及换热器堵塞问题。回收热量是传统机组的2倍，可大幅降低运行及系统投资费用。

11. 径向透平有机朗肯循环发电机组（适用于化工行业低品位余热回收）

开发针对流程工业低品位热能的有机朗肯循环发电机组系统。利用有机工质低沸点特性，在低温条件下将热量传递给有机工质，有机工质吸收热量变成较高压力的过热蒸气进入透平机组膨胀做功，将热能转化为机械能带动发电机组发电。乏气进入冷凝器，在其内凝结为液体，并经工质泵

送入蒸发器进行循环使用，实现工业低品位余热（80～250℃）的利用。

12. 超低温超低压饱和蒸汽高速透平发电技术（适用于化工行业超低品位蒸汽、热水和烟气回收利用）

基于朗肯循环理论，超低品位蒸汽通过透平机内部的动、静叶栅降压膨胀并把动能转化为转子的机械能，进而带动电机旋转发电，实现超低品位能量回收利用。叶栅设计无调节级，针对饱和蒸汽机型，采用特殊的静叶承缸和级间疏水结构，消除凝结水对叶片的冲击。针对超低温低压的蒸汽利用，转子采用圆锥形设计以平衡轴向推力，转子轴端采用气封加水封的形式以提高机组真空度。

## （四）建材行业节能降碳技术[①]

1. 粉煤灰节能降碳利用关键技术与装备（适用于建材行业）

研发新型干法节能型立式研磨装备，物料通过上部喂料装置进入磨机，研磨介质和物料进行整体多维循环运动和自转运动，精准匹配研磨整形所需能量，成品由下部卸料口排出。利用研磨介质之间的摩擦力、挤压力、剪切力和冲击力研磨物料，研磨整形后的粉煤灰可替代部分水泥熟料。

2. 外循环水泥立磨终粉磨装备与系统（适用于水泥行业）

采用外循环式水泥终粉磨立磨作为唯一研磨装备并配套“外循环立磨+粗选选粉机+精选选粉机”工艺系统。所有物料从外循环立磨粉磨后经粗磨提升机全部通过外置式粗选选粉机进行初级分选。分选后粗料再次进入外循环立磨粉磨，细料进入二级精选选粉机再次进行分选，分选后细料中的粗粉返回外循环立磨继续粉磨，细料中的细粉作为成品经大布袋收集入库。

3. 水泥低碳制造智能化关键技术（适用于水泥行业）

构建水泥低碳制造的智能化运营体系，该体系涵盖先进过程控制系统、智能联合储库物料处理系统、在线质量控制和智能设备监测优化系

① 《国家工业和信息化领域节能降碳技术装备推荐目录（2024 年版）》，第 8～9 页。

统等。在生产操作、原燃料处理与搭配、质量控制、设备运维等方面解决大规模使用复杂替代燃料所带来的热工、质量波动以及设备劣化加速问题，实现大比例复杂替代原燃料使用条件下的全流程智能化高效生产运行。

4. 建材行业工厂余热电站微网系统（适用于建材行业电能质量优化）

将工厂窑炉系统产生的余热转换为电能，供给窑炉系统的用电设备使用，富余发电量用作工厂其他设备的用电负荷，形成发电用电自循环。智能检测判断外部电源状态，通过投切自动装置实现在外网失电、电能质量不佳时余热发电系统进入微网模式。采用快速调节系统、电平衡装置等实现微网模式下电能参数的快速调节，保证极端工况下余热发电系统在微网模式下稳定运行。

5. 建筑光伏产品光伏低压发电及逆变储能系统（适用于建筑行业新能源利用）

采用晶硅电池片网状电路结构实现消减热斑效应。通过特种胶膜及耐腐蚀高强度金属背板封装技术增强组件强度和建筑功能，同时将光伏组件与建筑材料融合成为建筑光伏产品。采用A2级防火复合材料构建光伏组件，满足防火安全、电气规范以及建筑功能要求。通过隔离型组件级逆变及智能储能技术实现安全低压、主动关断、高转化效率及智能互补控制。

## 三、高效节能装备

高效节能装备主要包括电动机、工业锅炉、变压器、风机、压缩机及泵等相关产品。产品型号、能效指标及生产企业如表3-1～表3-6所示。

### （一）电动机（表3-1）

表3-1　电动机

| 序号 | 生产企业 | 产品名称 | 产品型号 | 能效指标 |
|---|---|---|---|---|
| 1 | 瑞昌市森奥达科技有限公司 | AB系列永磁同步电动机 | AB132S-4 | 优于1级能效 |
| 2 | 瑞昌市森奥达科技有限公司 | AB系列永磁同步电动机 | AB280S-4 | 优于1级能效 |

续表

| 序号 | 生产企业 | 产品名称 | 产品型号 | 能效指标 |
|---|---|---|---|---|
| 3 | 瑞昌市森奥达科技有限公司 | AB系列永磁同步电动机 | AB315M-4 | 优于1级能效 |
| 4 | 江苏大中电机股份有限公司 | 变频调速三相永磁同步电动机 | TYP1-80M1-&1500-0.55kW | 优于1级能效 |
| 5 | 江苏祝尔慷电机节能技术有限公司 | 三相永磁同步电动机 | XTY5 280M-4 | 优于1级能效 |
| 6 | 江苏祝尔慷电机节能技术有限公司 | 三相永磁同步电动机 | XTY5 315L2-4 | 优于1级能效 |
| 7 | 江苏祝尔慷电机节能技术有限公司 | 三相永磁同步电动机 | XTY5 355M-4 | 优于1级能效 |
| 8 | 山西电机制造有限公司 | 隔爆型三相异步电动机 | YBX5系列 | 优于1级能效 |
| 9 | 江苏慧马科技有限公司 | 永磁辅助式同步磁阻电机 | HMSRPM5 | 优于1级能效 |
| 10 | 无锡新大力电机有限公司 | 三相永磁同步电动机 | TYCP225M-8 | 优于1级能效 |
| 11 | 无锡新大力电机有限公司 | 三相永磁同步电动机 | TYCP200L2-8 | 优于1级能效 |
| 12 | 江苏大中电机股份有限公司 | 中小型三相异步电动机 | YBX5-225M-2-45kW | 优于1级能效 |
| 13 | 江苏大中电机股份有限公司 | 中小型三相异步电动机 | YE5-250M-4-55kW | 优于1级能效 |
| 14 | 山东力久特种电机股份有限公司 | 永磁变频同步电动机 | TYP160L-8 | 优于1级能效 |
| 15 | 山东力久特种电机股份有限公司 | 永磁变频同步电动机 | TYP180L-12 | 优于1级能效 |
| 16 | 安徽明腾永磁机电设备有限公司 | 矿用隔爆型三相永磁同步电动机 | TYB132M-4 | 优于1级能效 |
| 17 | 安徽明腾永磁机电设备有限公司 | 厂用隔爆型三相永磁同步电动机 | TYBCX160L-8 | 优于1级能效 |

续表

| 序号 | 生产企业 | 产品名称 | 产品型号 | 能效指标 |
|---|---|---|---|---|
| 18 | 江苏大中电机股份有限公司 | 变频调速三相永磁同步电动机 | TYP1-250M-8-1500-55kW | 优于 1 级能效 |
| 19 | 江苏大中电机股份有限公司 | 中小型三相异步电动机 | YBX5-355L2-2-315kW | 优于 1 级能效 |
| 20 | 江苏大中电机股份有限公司 | 中小型三相异步电动机 | YE5-132S-4-5.5kW | 优于 1 级能效 |
| 21 | 山东力久特种电机股份有限公司 | 永磁变频同步电动机 | TYP200L-12 | 优于 1 级能效 |
| 22 | 江苏大中电机股份有限公司 | 中小型三相异步电动机 | YE5-200L1-2-30kW | 优于 1 级能效 |
| 23 | 山东博诚电气有限公司 | 智能永磁同步变频电动机 | 380V-10kV | 优于 1 级能效 |
| 24 | 卧龙电气南阳防爆集团股份有限公司 | 高压隔爆型三相异步电动机 | YBXKK-560 | 优于 1 级能效 |
| 25 | 卧龙电气南阳防爆集团股份有限公司 | 隔爆型三相异步电动机 | YBX3-355 | 优于 1 级能效 |
| 26 | 卧龙电气南阳防爆集团股份有限公司 | 隔爆型三相异步电动机 | YBX3-400 | 优于 1 级能效 |
| 27 | 卧龙电气南阳防爆集团股份有限公司 | 隔爆型三相异步电动机 | YBX3-450 | 优于 1 级能效 |
| 28 | 卧龙电气南阳防爆集团股份有限公司 | 隔爆型三相异步电动机 | YBX3-500 | 优于 1 级能效 |
| 29 | 武汉麦迪嘉机电科技有限公司 | 永磁同步电动机 | TYZD-355M2-6-50/315kW | 优于 1 级能效 |
| 30 | 衡水电机股份有限公司 | 三相异步电动机 | YE5-80M1-2 | 优于 1 级能效 |
| 31 | 衡水电机股份有限公司 | 三相异步电动机 | YE5-160L-8 | 优于 1 级能效 |
| 32 | 衡水电机股份有限公司 | 三相异步电动机 | YE5-180M-4 | 优于 1 级能效 |

## （二）工业锅炉（表3-2）

表3-2　工业锅炉

| 序号 | 生产企业 | 产品名称 | 产品型号 | 能效指标 |
|---|---|---|---|---|
| 1 | 太原锅炉集团有限公司 | 低碳循环流化床热水锅炉 | QXF70-1.6/130/70-M | 优于1级能效 |
| 2 | 无锡华光环保能源集团股份有限公司 | 燃用固体废弃物的流化床锅炉 | UG-90/9.81-MT | 优于1级能效 |
| 3 | 浙江特富发展股份有限公司 | 低氮冷凝水管锅炉 | SZS15-2.5-Y、Q(LN)(2) | 优于1级能效 |
| 4 | 哈尔滨红光锅炉总厂有限责任公司 | 层燃角管生物质锅炉 | DHL29-1.6/130/70-SC | 优于1级能效 |

## （三）变压器（表3-3）

表3-3　变压器

| 序号 | 生产企业 | 产品名称 | 产品型号 | 能效指标 |
|---|---|---|---|---|
| 1 | 海鸿电气有限公司 | 敞开式立体卷铁心干式变压器 | SGB18-RL-2500/10-NX1 | 优于1级能效 |
| 2 | 上海置信电气非晶有限公司 | 三相油浸式非晶合金立体卷铁心配电变压器 | SBH25-M.RL-100/10-NX1 | 优于1级能效 |
| 3 | 明珠电气股份有限公司 | 非晶合金干式电力变压器 | SCBH19-2000/10-NX1 | 优于1级能效 |
| 4 | 华智源电气集团股份有限公司 | 油浸式电力变压器 | S22-M-1250/10-NX1 | 优于1级能效 |
| 5 | 天津置信电气有限责任公司 | 三相油浸式非晶合金闭口立体卷铁心配电变压器 | SBH25-M.RL-400/10-NX1 | 优于1级能效 |
| 6 | 河南森源电气股份有限公司 | 油浸式电力变压器 | S22-10000/35-NX1 | 优于1级能效 |

续表

| 序号 | 生产企业 | 产品名称 | 产品型号 | 能效指标 |
|---|---|---|---|---|
| 7 | 泰州海田电气制造有限公司 | 10kV干式配电变压器 | SCB18-1000/10-NX1 | 优于1级能效 |
| 8 | 平顶山天晟电气有限公司 | 油浸式立体卷铁芯配电变压器 | S22-M·RL-50/10-NX1 | 优于1级能效 |
| 9 | 平顶山天晟电气有限公司 | 油浸式配电变压器 | S22-M-50/10-NX1 | 优于1级能效 |
| 10 | 江西赣电电气有限公司 | 油浸式电力变压器 | S22-M-1250/10-NX1 | 优于1级能效 |
| 11 | 明珠电气股份有限公司 | 树脂绝缘干式电力变压器 | SCB18-2000/10-NX1 | 优于1级能效 |
| 12 | 百胜电气有限公司 | 油浸式电力变压器 | S22-M-2000/10-NX1 | 优于1级能效 |
| 13 | 葫芦岛电力设备有限公司 | 油浸式配电变压器 | S22-M-200/10-NX1 | 优于1级能效 |
| 14 | 海南金盘智能科技股份有限公司 | 干式变压器 | SCB18-2500/10-NX1 | 优于1级能效 |
| 15 | 江西宇恒电气有限公司 | 干式变压器 | SCB18-630/10-NX1 | 优于1级能效 |
| 16 | 常州太平洋变压器有限公司 | 干式电力变压器 | SGB18-2000/10-NX1 | 优于1级能效 |

## （四）风机（表3-4）

表3-4 风机

| 序号 | 生产企业 | 产品名称 | 产品型号 | 能效指标 |
|---|---|---|---|---|
| 1 | 亿昇（天津）科技有限公司 | 磁悬浮高速离心鼓风机 | YG 75 | 优于1级能效 |
| 2 | 亿昇（天津）科技有限公司 | 磁悬浮高速离心鼓风机 | YG 100 | 优于1级能效 |
| 3 | 宁波虎渡能源科技有限公司 | 空气悬浮离心鼓风机 | ZK75-60 | 优于1级能效 |

续表

| 序号 | 生产企业 | 产品名称 | 产品型号 | 能效指标 |
|---|---|---|---|---|
| 4 | 山东华东风机有限公司 | 磁悬浮高速离心鼓风机 | HMGB150 | 优于 1 级能效 |
| 5 | 山东华东风机有限公司 | 磁悬浮高速离心鼓风机 | HMGB300 | 优于 1 级能效 |
| 6 | 山东华东风机有限公司 | 磁悬浮高速离心鼓风机 | HMGB400 | 优于 1 级能效 |
| 7 | 南京磁谷科技股份有限公司 | 磁悬浮离心式鼓风机 | CG/B75 | 优于 1 级能效 |
| 8 | 南京磁谷科技股份有限公司 | 磁悬浮离心式鼓风机 | CG/B150 | 优于 1 级能效 |
| 9 | 南京磁谷科技股份有限公司 | 磁悬浮离心式鼓风机 | CG/B220 | 优于 1 级能效 |
| 10 | 北京高孚动力科技有限公司 | 磁悬浮高速离心鼓风机 | GF150 | 优于 1 级能效 |
| 11 | 浙江亿利达风机股份有限公司 | 前向多翼离心通风机 | SYT15-11L | 优于 1 级能效 |
| 12 | 精效悬浮（苏州）科技有限公司 | 气悬浮高速离心鼓风机 | B75-10 | 优于 1 级能效 |
| 13 | 南通大通宝富风机有限公司 | 离心通风机 | 4-73 2360 | 优于 1 级能效 |
| 14 | 浙江金盾风机股份有限公司 | 轴流式消防排烟风机 | DTF(R)-20 | 优于 1 级能效 |
| 15 | 浙江上风高科专风实业股份有限公司 | 离心通风机 | SK-K20-34F | 优于 1 级能效 |
| 16 | 愿景动力有限公司 | 磁悬浮鼓风机 | XV220B80 | 优于 1 级能效 |
| 17 | 南京磁谷科技股份有限公司 | 磁悬浮离心式鼓风机 | CG/B400 | 优于 1 级能效 |
| 18 | 山东硕源动力科技有限公司 | 磁悬浮离心鼓风机 | SRC55 | 优于 1 级能效 |

续表

| 序号 | 生产企业 | 产品名称 | 产品型号 | 能效指标 |
|---|---|---|---|---|
| 19 | 山东硕源动力科技有限公司 | 磁悬浮离心鼓风机 | SRC75 | 优于1级能效 |
| 20 | 山东硕源动力科技有限公司 | 磁悬浮离心鼓风机 | SRC110 | 优于1级能效 |
| 21 | 山东硕源动力科技有限公司 | 磁悬浮离心鼓风机 | SRC150 | 优于1级能效 |
| 22 | 山东硕源动力科技有限公司 | 磁悬浮离心鼓风机 | SRC200 | 优于1级能效 |
| 23 | 山东硕源动力科技有限公司 | 磁悬浮离心鼓风机 | SRC250 | 优于1级能效 |
| 24 | 冀东日彰节能风机制造有限公司 | 离心通风机 | RTDC-NCR No.10-35.5 | 优于1级能效 |
| 25 | 洛阳中嘉控制技术有限公司 | 磁悬浮鼓风机 | ZJG-15080 | 优于1级能效 |
| 26 | 伦登风机科技（天津）有限公司 | 轴流通风机 | ZBF1000 | 优于1级能效 |
| 27 | 伦登风机科技（天津）有限公司 | 离心通风机 | KBF1000 | 优于1级能效 |
| 28 | 威海克莱特菲尔风机股份有限公司 | 数据中心用离心风机 | ECL630-1 | 优于1级能效 |
| 29 | 山东硕源动力科技有限公司 | 空气悬浮离心鼓风机 | SRK110 | 优于1级能效 |
| 30 | 山东硕源动力科技有限公司 | 空气悬浮离心鼓风机 | SRK220 | 优于1级能效 |

## （五）压缩机（表3-5）

表3-5 压缩机

| 序号 | 生产企业 | 产品名称 | 产品型号 | 能效指标 |
|---|---|---|---|---|
| 1 | 宁波德曼压缩机有限公司 | 一般用变转速喷油回转空气压缩机 | DDV110e-5 | 优于1级能效 |

续表

| 序号 | 生产企业 | 产品名称 | 产品型号 | 能效指标 |
|---|---|---|---|---|
| 2 | 宁波德曼压缩机有限公司 | 一般用变转速喷油回转空气压缩机 | DDV132e-7 | 优于1级能效 |
| 3 | 宁波德曼压缩机有限公司 | 一般用变转速喷油回转空气压缩机 | DDV160e-7 | 优于1级能效 |
| 4 | 宁波德曼压缩机有限公司 | 一般用变转速喷油回转空气压缩机 | DDV250e-7 | 优于1级能效 |
| 5 | 宁波鲍斯能源装备股份有限公司 | 一般用变频喷油螺杆空气压缩机 | PMF22-8Ⅱ | 优于1级能效 |
| 6 | 泉州市华德机电设备有限公司 | 一般用变转速喷油回转空气压缩机 | HD-90T | 优于1级能效 |
| 7 | 鑫磊压缩机股份有限公司 | 一般用变频喷油螺杆空气压缩机 | SE-100EMP-ⅡD/8 | 优于1级能效 |
| 8 | 鑫磊压缩机股份有限公司 | 一般用变频喷油螺杆空气压缩机 | SE-175EMP-ⅡD/8 | 优于1级能效 |
| 9 | 宁波鲍斯能源装备股份有限公司 | 一般用变频喷油螺杆空气压缩机 | PMF90-8Ⅱ | 优于1级能效 |
| 10 | 宁波鲍斯能源装备股份有限公司 | 一般用变频喷油螺杆空气压缩机 | BMF200-8Ⅱ | 优于1级能效 |
| 11 | 宁波鲍斯能源装备股份有限公司 | 一般用变频喷油螺杆空气压缩机 | BMF250-8Ⅱ | 优于1级能效 |
| 12 | 宁波鲍斯能源装备股份有限公司 | 一般用变频喷油螺杆空气压缩机 | PMF132-8Ⅱ | 优于1级能效 |
| 13 | 萨震压缩机（上海）有限公司 | 一般用变转速喷油回转空气压缩机 | SVC-55A-Ⅱ/7.5 | 优于1级能效 |
| 14 | 宁波鲍斯能源装备股份有限公司 | 一般用变频喷油螺杆空气压缩机 | PMF55-8Ⅱ | 优于1级能效 |
| 15 | 泉州市华德机电设备有限公司 | 一般用变转速喷油回转空气压缩机 | HD-110T | 优于1级能效 |
| 16 | 苏州强时压缩机有限公司 | 一般用变转速喷油回转空气压缩机 | S250A8VD | 优于1级能效 |
| 17 | 德蒙（上海）压缩机械有限公司 | 一般用变频喷油回转空气压缩机 | DHV-132Z | 优于1级能效 |

续表

| 序号 | 生产企业 | 产品名称 | 产品型号 | 能效指标 |
|---|---|---|---|---|
| 18 | 德蒙（上海）压缩机械有限公司 | 一般用变频喷油回转空气压缩机 | DHV-250Z | 优于1级能效 |
| 19 | 德蒙（上海）压缩机械有限公司 | 一般用变频喷油回转空气压缩机 | DHV-200Z | 优于1级能效 |
| 20 | 萨震压缩机（上海）有限公司 | 一般用变转速喷油回转空气压缩机 | SVC-75A-Ⅱ/7.5 | 优于1级能效 |
| 21 | 萨震压缩机（上海）有限公司 | 一般用变转速喷油回转空气压缩机 | SVC-110A-Ⅱ/7.5 | 优于1级能效 |
| 22 | 中车北京南口机械有限公司 | 一般用变转速喷油回转空气压缩机 | CRN132PMII-8 | 优于1级能效 |
| 23 | 德耐尔能源装备有限公司 | 一般用永磁变频螺杆空气压缩机 | DAV-110+/8 | 优于1级能效 |
| 24 | 优尼可尔压缩机制造江苏有限公司 | 一般用变转速喷油回转空气压缩机 | SLR-110S-8 | 优于1级能效 |
| 25 | 天津市空气压缩机有限公司 | 一般用喷油回转空气压缩机 | TKL-355W/7-II | 优于1级能效 |
| 26 | 沃尔伯格（苏州）压缩机有限公司 | 一般用变转速喷油回转空气压缩机 | BG125APMII | 优于1级能效 |
| 27 | 沃尔伯格（苏州）压缩机有限公司 | 一般用变转速喷油回转空气压缩机 | BG180APMII/8 | 优于1级能效 |
| 28 | 厦门东亚机械工业股份有限公司 | 一般用变频喷油螺杆空气压缩机 | ZLS350W-2iC/8 | 优于1级能效 |
| 29 | 郑州永邦机器有限公司 | 一般用变转速喷油回转空气压缩机 | WBV-132AII | 优于1级能效 |

### （六）泵（表3-6）

表3-6　泵

| 序号 | 生产企业 | 产品名称 | 产品型号 | 能效指标 |
|---|---|---|---|---|
| 1 | 海城三鱼泵业有限公司 | 井用潜水电泵 | 100QJE0430S-BM-Y | 优于1级能效 |

续表

| 序号 | 生产企业 | 产品名称 | 产品型号 | 能效指标 |
|---|---|---|---|---|
| 2 | 海城三鱼泵业有限公司 | 井用潜水电泵 | 100QJE02125S-BM-Y | 优于 1 级能效 |
| 3 | 新界泵业（浙江）有限公司 | 小型潜水电泵 | QX8-18-0.75K3 | 优于 1 级能效 |
| 4 | 海城三鱼泵业有限公司 | 井用潜水电泵 | 100QJE0290S-BM-Y | 优于 1 级能效 |
| 5 | 海城三鱼泵业有限公司 | 井用潜水电泵 | 100QJE0260S-BM-Y | 优于 1 级能效 |
| 6 | 海城三鱼泵业有限公司 | 井用潜水电泵 | 200QJG8030T7SA-YB | 优于 1 级能效 |
| 7 | 新界泵业（浙江）有限公司 | 污水污物潜水电泵 | WQ18-15-1.5L1 | 优于 1 级能效 |
| 8 | 浙江丰源泵业有限公司 | 污水污物潜水电泵 | 100WQ65-15-5.5 | 优于 1 级能效 |
| 9 | 昆明嘉和科技股份有限公司 | 高温浓硫酸液下泵 | JHB400 | 优于 1 级能效 |

# 第三节　环保产业

## 一、2023 年我国环保产业发展基本情况

在经历了前几年的挑战和困难之后，我国的生态环保产业在 2023 年实现了触底反弹。据全国工商联环境商会的不完全统计，截至 2024 年 5 月，A 股环保上市公司共 161 家披露 2023 年年报，其中，77 家营收增长，占比约 48%，增长企业数量较 2022 年下降 6%；75 家净利润增长，占比约 46%，较 2022 年提高 8%。44 家企业亏损，亏损企业数量较去年增加 7 家。营收规模百亿的企业共 8 家，包括格林美、首创环保、盈峰环境、瀚蓝环境、高能环境等，其中格林美首年业绩突破 300 亿。高能环境则是首次跻身“营收百亿”之列，全年营收 105.8 亿元，较 2022 年增长 20.58%。净利润超过 10 亿元的企业共 9 家，包括首创

环保、瀚蓝环境、兴蓉环境、重庆水务、三峰环境、景津装备、伟明环保等，其中业绩最好的企业是伟明环保，年度营收约60亿，净利润20.48亿，这也是A股环保公司中唯一一家净利超过20亿的企业。此外，营收净利双增的企业共45家，包括盈峰环境、创业环保、景津装备、上海环境、碧水源、洪城环境等。

## 二、环保产业面临的主要机遇与挑战

我国环保产业发展近年来取得了一定成效，不过，与欧美和日本等主要发达经济体相比仍然存在一定差距和短板，具体表现在：产业发展大而不强，在产业集中度、产业规模和领军企业数量上还达不到国际先进水平；科技创新水平尚显不足，在基础性开拓性颠覆性核心技术、部分关键设备和核心零部件、高端拳头产品等研发上与国际先进水平还存在明显差距；管理水平有待提升，在产业价值链、产品标准化、生产智能化和品牌建设等方面管理水平不高，尚不能满足构建现代化产业体系的要求等。

“十四五”时期是持续打好污染防治攻坚战的窗口期，也是推动实现碳中和碳达峰目标的重要时期。同时，新一代信息技术快速发展为各行各业注入新鲜血液和价值增量，在环保监测监管、装备智能制造、智能运维、提供智慧化服务等领域显示出巨大潜力。因此，我国未来环保产业发展方向在很大程度上将聚焦于以下几个方面：一是继续向重点领域发力，加强污染治理关键核心技术装备及材料药剂技术攻克，提升绿色技术装备制造水平。二是锚定未来技术发展战略方向，推动节能环保产业与生物技术、分子技术、新材料、人工智能和大数据等前沿技术协同创新发展。三是探索以技术为先导的商业服务模式创新，开展区域环境治理集约集成服务，创新生态价值综合实现模式。四是大力培育龙头企业，促进技术创新，鼓励强强联合，提供更大尺度空间与复杂环境问题的综合解决方案。五是积极开拓国际市场，综合运用合作研发、产品销售、直接投资或技术服务等多种方式参与海外节能环保工程建设和运营，依托“一带一路”倡议在众多新兴市场国家分享我国生态环保产业培育发展的成功经验。

## 三、典型企业案例

### （一）江苏金山环保工程集团

江苏金山环保工程集团（简称金山环保）成立于 2003 年，长期致力于水处理关键共性基础问题研究和产业化，其主营业务包括：环保技术研发，环保工程设计，环保设备制造、安装与调试，环保新材料研发和生产，环保工程总包和运营等。

1．主营业务及经营状况

金山环保主营业务涉及工业废水处理与回用，城市污水处理与回用，新材料技术研发，生态环境材料制造，污泥蓝藻资源化处理，环保设备设计、制造、安装调试，环境污染治理工程承包与运营，市政公用工程总承包与运营等，拥有环保工程专业承包一级、建筑机电安装工程专业承包一级、建筑工程施工总承包、市政公用工程施工总承包、环境工程设计、市政行业专业工程设计、江苏省污染治理设施运行服务能力评价一级、ISO9000/45001/14001 体系、3C、中国强制性产品、两化融合管理体系、能源管理体系等高端全面资质。多项工程被原环境保护部评定为“国家鼓励发展的重大环保技术装备依托单位”和“国家环保装备制造及服务特色产业基地的骨干企业”，被国家相关部委及省市政府评定为“国家高技术产业化示范工程”和“优秀环保工程”。近年来，金山环保不断加快创新发展步伐，通过生产数字化升级、设备智能化改造等方式，注重培育和发展新质生产力。2023 年实现营收同比上涨 11.02%。

2．竞争力分析

（1）创新引擎释放强劲活力

金山环保拥有 3.2 万平方米的科技创新中心、分析检测中心、小试和中试平台等创新设施。依托与中国科学院、北京大学、南京大学等高等院所的深度合作，先后创建了“国家环境保护特种膜工程技术中心”“江苏省环境保护特种膜工程中心”“江苏省环太湖蓝藻打捞-干化-资源化利用工程技术研究中心”“江苏省企业技术中心”“院士工作站”“北京大学-金山环保联合实验室”等创新平台，构建了从应用基础研究—

成果孵化—成果推广完整的科技创新体系，形成以金山环保为主体的孵化器集群。截至 2024 年 5 月，该公司共申请国际专利 8 项，国家发明和实用新型专利 200 余项，获软件著作权 9 项，制定行业标准 2 项，团体标准 1 项，企业标准 21 项，并承担了国家级、省部级专项课题研究 6 项（其中包含国家 863 计划 2 项），获“国家重点新产品”2 项，中国商业联合会科学技术奖一等奖、“江苏省环境保护科学技术奖二等奖”“江苏省高新技术产品”13 项，“江苏名牌产品”1 项，“江苏精品”1 项，荣获查兰·拉姆管理实践奖—杰出奖 1 项。

（2）智能制造赋能高质量转型升级

金山环保综合考虑提高工作效率和产品质量，面对大规模的市场需求和发展机遇，顺应“智能制造”和“互联网+”的发展趋势，推进自动化、智能化生产线和信息化管理，以数字化升级和精益化管理为基础，投入 2 亿元资金，全新打造高端环保装备智能化改造项目。该项目配备了 5 条高精度装备制造生产线，通过计划管理、生产管理、品质管理应用，不断提升生产管控能力，细化生产管控环节，利用信息化手段和工具提升质量、提高效率，以高效、高性价比产品抢占市场。

（3）蓄人才“活水”，激活澎湃动能

与南京大学、江南大学、江苏大学等高等院校共建教学实践基地，加大柔性人才引进力度，开展高端技术领域研究与开发，为产业发展和创新成果转化提供强有力的科技支撑；以建机制、搭平台、提素质、强动能、增活力为主线，先后出台《持证补贴管理制度》《薪酬激励制度》等激励制度，对积极参加职称评定、职业技能提升、申报专利等员工给予一次性奖励和继续教育补贴，累计辐射 1000 余人次，年补贴金额近三百万元，为推动公司高质量发展走在前列提供了有力支撑。

### （二）江苏泰源环保科技股份有限公司

江苏泰源环保科技股份有限公司（简称泰源环保）成立于 2004 年，2016 年在新三板挂牌，是一家集水环境治理项目投资、设计、智造、集成、运营及资源化利用等服务于一体的国家级专精特新“小巨人”企业，同时也是装配式污水厂的开创者，总部设立于江苏宜兴，在南京、四川、江西、湖南等地建有研发和生产基地，构建了完整的全国

性区域产业布局。

1. 主营业务及经营状况

作为国家高新技术企业、环保装备制造业规范条件企业，泰源环保主要从事以装配式污水(净水)厂为核心的水环境治理领域全流程服务，包括项目投资、工程建设、运营服务、设备总包分包等业务，覆盖污水处理厂（含工业废水）新建、提标改造、扩容，应急污水处理，水环境治理，农村污水治理，医疗废水处理，自来水厂建设，纯水、中水回用等板块，已形成“高端装备制造、工程服务、设施运营”三叉戟式业务模式。公司2021—2023年销售收入复合增长率为24.86%，2023年实现营业收入3.05亿元，实缴税金1238.76万元，研发费用总投入1062.7万元，保持稳健经营和规模性收益。

2. 竞争力分析

（1）技术优势

泰源环保在全球率先研发应用装配式污水厂技术，引领水治理低碳技术发展，基于结构和工艺的双重优化和创新的技术装备，模拟乐高积木通配组合拼装、无损拆卸重装的原理，利用仿真建模设计，研发出十余个不同功能的不锈钢标准模块进行拼接和组合，以工业化智造模式革命性地颠覆了污水厂、净水厂钢筋混凝土非标准化建造的模式，目前已实现数百项装配式污水（净水）厂案例应用，其中包括二十余个万吨级以上项目。该系列技术已被中国环境科学学会、江苏省工业和信息化厅多次鉴定为国际领先水平、国际先进水平，同时入选了国家鼓励发展的重大环保技术装备目录、2023年度智能制造标准应用试点项目名单、2023生态环境保护实用技术装备名录、江苏省重点推广应用新产品新技术目录、2023苏锡常首台套重大装备目录等多项国家、省市级名录，荣获环保装备科学技术奖技术创新一等奖、中国产学研创新合作成果奖等重要奖项。

公司成立了江苏省级企业技术中心、JITRI企业联合创新中心、江苏省工程技术研究中心、江苏省研究生工作站、无锡市企业技术中心、无锡市工程技术研究中心、无锡市技术创新联合体等多个产学研创新平台，与东南大学、江南大学、南京大学、常州大学、宁波大学、长三角国家技术创新中心、江苏省产业技术研究院等多家科研院所、高端院校

广泛合作，参与科技部、中国工程院、江苏省科技厅、江苏省工业和信息化厅等多个重大关键核心技术攻关项目、社发项目、专题研发项目。2023 年主导承担的江苏省工业和信息化厅关键核心技术（装备）攻关项目“模块化装配式废水深度处理与资源化成套装备”顺利通过验收结题。公司已获授权专利 45 项，其中发明专利 16 项，实用新型专利 28 项，外观设计专利 1 项，计算机软件著作权 2 项，参与地标、团标编写 14 项。

（2）品牌优势

公司始终将品牌建设作为核心战略之一，注重产品质量和服务质量的控制，建立了严格的质量管理体系和检验流程。泰源环保已荣获国家级专精特新“小巨人”企业、国家高新技术企业、工业和信息化部“环保装备制造业规范条件企业（水污染防治）”、《国家鼓励发展的重大环保技术装备目录（2023 版）》技术装备支撑单位、国家级智能制造标准应用试点单位、中国产学研合作创新与促进奖创新成果奖主要完成单位、苏锡常首台（套）重大装备入选企业、江苏省“小巨人”企业（制造类）、无锡市瞪羚企业、无锡市准独角兽企业等称号，装配式污水厂细分领域国内市场占有率 2021—2023 年连续三年超过 80%，2023 年全球市场占有率 43%，排名第一，承建了全国最大的装配式污水厂，是在研发时间、市场占有率、应用案例、应用体量、应用经验等方面均处于标杆地位的装配式污水（净水）厂细分领域龙头企业。泰源环保产品质量稳定可靠，性能卓越，获得了用户的高度认可和赞誉。

（3）产品及规模制造优势

泰源环保装配式污水（净水）厂具有许多优势，如使用寿命可达 50 年以上，建设工期缩短约 80%，节约占地 60%，生态施工三废减少 90%，节能降碳 75.4%，箱体循环利用率高达 100%。由于综合采用特殊的布水、布气、排泥方式以及优势微生物菌并升级优化了技术工艺，运营效果和效率显著提升，协同实现了水质净化项目的资源、能源节约。公司拥有全国唯一的装配式污水（净水）厂标准模块全流程生产制造智能产线，开发了一键成型设计系统，实现三分钟生产工艺处理方案，推动数字化设计、智能化生产，提升产线柔性化水平，实现企业提质降本增效，加快环境治理项目低碳化、装备化、模块化、标准化、装配化进

程，为客户提供精细化、标准化的服务保障和产品供应。

# 第四节　资源循环利用产业

## 一、2023 年我国资源循环利用产业发展的基本情况

### （一）一般工业固体废物产生量和综合利用量情况

根据生态环境部《2022 年中国生态环境统计年报》，2022 年，根据重点调查 123374 家一般工业固体废物产生的企业，全国一般工业固体废物产生量为 41.1 亿吨，综合利用量为 23.7 亿吨，处置量为 8.9 亿吨。其中，山西、内蒙古、河北、辽宁和山东的一般工业固体废物产生量合计约为 17.9 亿吨，居全国前五，占比达 43.4%。河北、山东、山西、内蒙古和河南的一般工业固体废物综合利用量合计约为 9.1 亿吨，居全国前五，占比达 38.2%。

2022 年，全国不同省市地区的一般工业固体废物的产生情况如图 3-5 所示。一般工业固体废物的综合利用情况如图 3-6 所示。

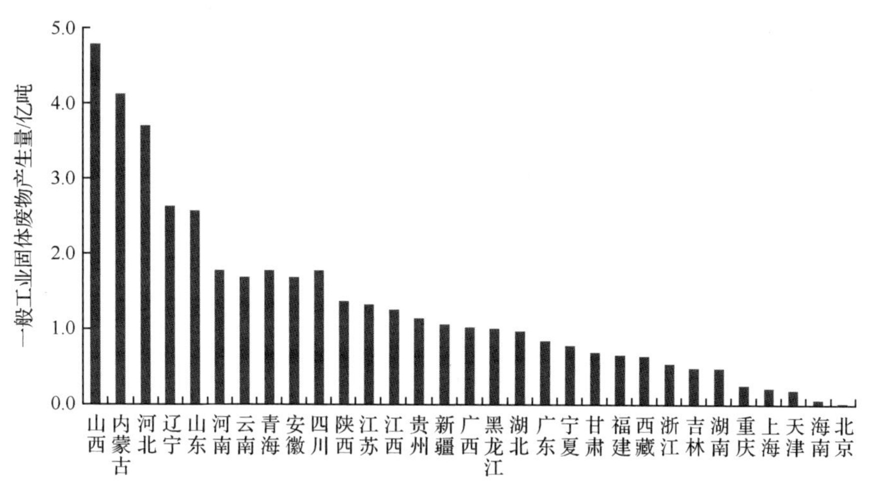


图 3-5　2022 年全国各地区一般工业固体废物产生情况

（数据来源：生态环境部，2023 年 12 月）

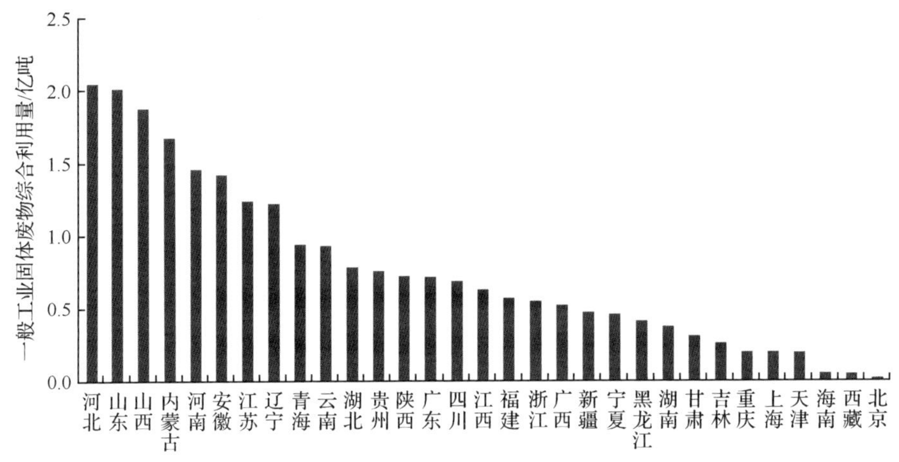


图 3-6　2022 年全国各地区的一般工业固体废物综合利用情况

（数据来源：生态环境部，2023 年 12 月）

2022 年，在统计调查的工业 42 个大类行业中，一般工业固体废物的产生量居前五位的行业分别是电力、热力生产和供应业，有色金属矿采选业，黑色金属冶炼和压延加工业，黑色金属矿采选业，煤炭开采和洗选业，这些行业的一般工业固体废物产生量合计为 31.8 亿吨，占全国一般工业固体废物产生量的 77.4%。2022 年各工业行业一般工业固体废物产生情况，如图 3-7 所示。

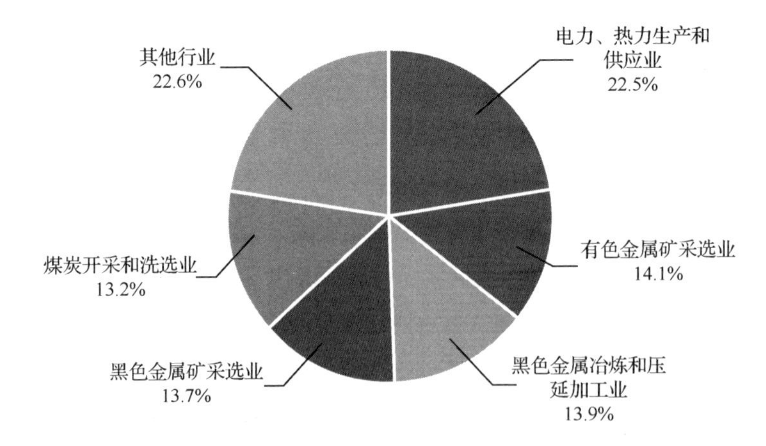


图 3-7　2022 年各工业行业一般工业固体废物产生情况

（数据来源：生态环境部，2023 年 1 月）

一般工业固体废物综合利用量居前五位的行业分别为电力、热力生产和供应业，黑色金属冶炼和压延加工业，煤炭开采和洗选业，化学原料和化学制品制造业，黑色金属矿采选业。这些行业的一般工业固体废物的综合利用量共计 19.5 亿吨，在全国一般工业固体废物综合利用量的占比达 82.2%。

一般工业固体废物处置量居前五位的行业分别为煤炭开采和洗选业，电力、热力生产和供应业，黑色金属矿采选业，有色金属矿采选业，化学原料和化学制品制造业。这些行业的一般工业固体废物的处置量共计 6.9 亿吨，在全国一般工业固体废物处置量的占比达 78.2%。

2022 年主要行业一般工业固体废物综合利用和处置情况如图 3-8 所示。

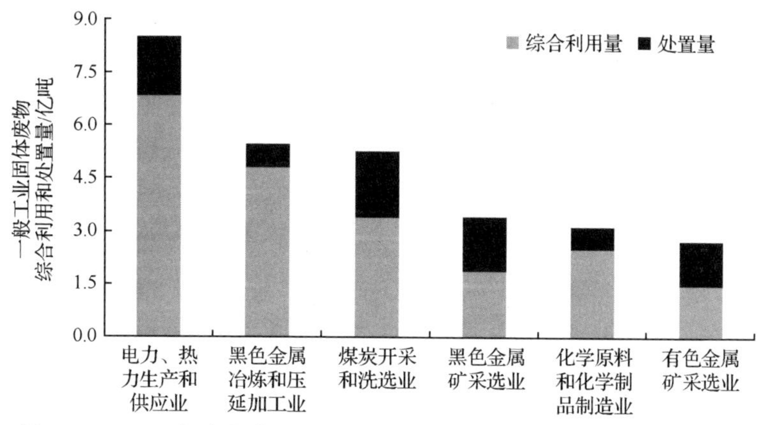


图 3-8　2022 年主要行业一般工业固体废物综合利用和处置情况

（数据来源：生态环境部，2023 年 12 月）

## （二）再生资源回收利用量情况

再生资源在一定程度上缓解了我国资源紧张的局面，同时减轻了环境污染。2022 年，我国废钢铁、废有色金属等 10 个再生资源品种的回收量共计约 3.71 亿吨，与 2023 年同期相比下降 2.6%，降幅最明显的品种是废玻璃（下降 15.4%）、废旧纺织品（下降 12.6%）、废弃电器电子产品（下降 10.4%），增长较快的是报废机动车和废电池（铅酸电池除外），增长量均超过了 20%；回收总额约为 1.3 万亿元，同比下降 4.0%，其中降幅最大的是废旧纺织品和废玻璃，分别下降超过36.4%和20.3%。废钢铁、废有色金属、废塑料、废纸、废旧纺织品的进口总量和出口总量分别为382.13万吨和50.71万吨，同比下降57.1%和增长43.8%。

## 二、相关政策

一是推动新型固废循环利用。国家发展改革委等部门部署风电、光伏退役设备的循环利用。2023年8月，国家发展改革委、国家能源局、工业和信息化部、生态环境部、商务部、国务院国资委六部门联合发布《关于促进退役风电、光伏设备循环利用的指导意见》，分2025年、2030年两个阶段提出了退役风电、光伏设备循环利用的工作目标，明确积极构建覆盖绿色设计、规范回收、高值利用、无害处置等环节的风电和光伏设备循环利用体系，完善风电、光伏产业绿色低碳循环发展的末端环节，形成产业链闭环。

二是推动再生资源产业健康发展。2023年12月，工业和信息化部制定了《废铜铝加工利用行业规范条件》《机电产品再制造行业规范条件》，引导废铜和废铝加工配送行业以及再利用行业、机电产品再制造行业的高质量发展，提高了精细化处理及综合利用水平，自2024年1月1日起实施。2023年12月，工业和信息化部公告了第十一批废钢铁加工行业准入企业、第二批废纸加工行业规范企业、第七批废塑料综合利用行业规范企业、第四批废旧轮胎综合利用行业规范企业、第五批新能源汽车废旧动力蓄电池综合利用行业规范企业名单，同时公告了相关行业的变更、撤销规范企业名单。

三是推动资源综合利用先进技术推广。2023年7月，工业和信息化部、国家发展和改革委员会、科学技术部、生态环境部联合发布了《国家工业资源综合利用先进适用工艺技术设备目录（2023年版）》。

## 三、典型企业

### （一）中再资源环境股份有限公司

#### 1. 公司概况

中再资源环境股份有限公司是中华全国供销合作总社旗下中国再

生资源开发集团有限公司的控股公司，在上海证券交易所上市，股票简称中再资环，股票代码 600217。公司遵循“生态环保”“服务社会”的企业宗旨，秉承“网络、资源、技术、环保、品牌”的经营理念，致力于成为优质的资源和环境服务商。旗下拥有十三家子公司及一家分公司。其中，主营废电器回收与拆解处理的十一家下属企业，均被纳入国家废弃电器电子产品处理基金补贴企业名单，并已在全国范围内建立起完善、稳定和优质的废电器回收网络，废电器年处理能力达到 3,188 万台；一家下属企业主营废电器的回收；一家下属企业主营产业园区固体废弃物一体化处置，服务大型工业产废企业（包括但不限于海尔、格力、海信等）；一家分公司主营废电器拆解物贸易。

2. 主营业务

公司的主要经营业务为废弃电器电子产品（以下简称废电器）的回收与拆解处理和产业园区固体废弃物一体化处置。2023 年公司实现营业收入 37.01 亿元。

废家电回收与拆解业务板块以山东临沂、四川内江等 11 家大型废旧家电回收利用拆解厂为中心建立了全国性回收网络，具有专业的回收团队，提供优质的服务，已成为国内领先的大型回收与拆解处理企业。主要产出物共 6 大类，包括：金属类、塑料类、液态废物、玻璃类、废弃零部件，其他（玻璃纤维、电线电缆、冰箱保温材料、橡胶等）。其下游客户包括改性塑料企业、玻璃加工企业、再生金属冶炼企业、危险废弃物处理企业等。

固废一体化处置业务板块主要提供产业园区固体废弃物一体化处置业务，创新产业废弃物标准化 B2B 管控运营模式，依托全国布局网点、全网络运营，对产业废弃物进行专业分选、加工、无害化处理，实现产业废弃物由大型产废企业到终端利废企业之间的高效衔接，以循环利用实现产业废弃物减量化、资源化、无害化。主要产出物为经细化分拣、深化加工后所取得的再生原材料，包括废有色金属、废钢铁、废塑料、废纸、废木等。

3. 竞争力分析

目前，国家对电子废弃物处理行业实行准入政策，企业如果取得处理废弃电器电子产品的资格，并被列入享受废弃电器电子产品处理基金

补贴的企业名单，在对《废弃电器电子产品处理目录》中的产品进行处理时，可对相关产品申请基金补贴。

第一，公司具备创新意识，开展技术升级和设备更新，加强信息化能力建设，提高机械化、自动化和智能化水平，促进循环经济发展。公司所属山东公司的"山东中绿废弃电器电子产品资源化综合利用项目"被国家发展改革委列入"支持先进制造业和现代服务业发展专项"2021年中央预算内投资计划，被省发展改革委列为山东省2021年预算内投资专项支持项目。

第二，公司积极开展前瞻布局，拥有较完备的国内回收处理体系。公司具备为大型产废企业提供全面产业废弃物处置方案的能力，采取标准化B2B管控运营模式，拥有与大型产废企业保持稳健合作的发展态势，对大型生产制造行业在生产过程中的产业废弃物进行专业合规的回收、分选、加工、无害化处理，实现产业废弃物由大型产废企业到终端利废企业之间的高效衔接，通过循环利用，实现再生资源减量化、资源化、无害化。

第三，公司理念清晰，在细分领域处于领先地位。公司本着环保、安全、节约的理念，以建立现代化再生资源回收利用网络体系为使命，通过完善网点布局、提高现有网点产能、深化资源深加工链条等，提升公司在废弃电器电子产品回收处理行业的品牌影响力，巩固公司在国内废电处理行业领导者的地位。同时，持续完善工业废弃物一体化处置服务方案，深化和拓展与大型产废工业企业的战略合作，不断提高一般工业废弃物回收利用市场占有率，确保在行业的领先地位，努力成为国内一流的环境综合服务供应商。

### （二）怡球金属资源再生（中国）股份有限公司

1. 公司概况

怡球金属资源再生（中国）股份有限公司（以下简称"怡球资源"），是一家现代化的集团公司，其业务覆盖亚洲及美洲。该公司致力于实现产业全球化，这是其坚定不移的奋斗目标。是国内第一家上市的再生铝生产企业，2001年成立。怡球资源一直本着"追求卓越，勇于挑战，永续经营，迈向国际化发展"的经营理念，在近30年的发展历程中，

始终以稳健的步伐不断前行。

2. 主营业务

公司的主要产品铝合金锭属于再生铝，是以废铝作为主要原料，经预处理、熔炼、精炼、铸锭等生产工序后产出的。与原铝生产相比，再生铝的生产具有生产周期短、能耗小、节约铝矿资源等特点，具有显著的经济性。

铝合金锭业务：公司的主要产品为各种牌号的铝合金锭，是国民经济建设和居民消费品生产必需的重要基础材料。公司苏州太仓和马来西亚两个生产基地，采取“以销定产”的方式组织生产，即以订单为主线，根据客户订单要求，制订生产计划，安排规模化生产；同时针对客户特殊的定制要求，采取灵活的多牌号搭配生产。

废料贸易业务：公司回收各种工业、家庭废旧物，报废汽车，报废品，公司拥有 20 多个加工工厂，辐射美国东部大部分地区。

2023 年，公司紧紧围绕当前形势，努力克服经济增长乏力，下游需求不振，市场竞争加剧对生产经营造成的影响，结合 2023 年经营计划，公司积极布局原料采购网络，有序推进重点项目建设，强化员工专业能力培训，加强内部控制，提升管理效率，以实现企业竞争力的全面提升为目标，为迎接市场复苏做好准备，同时为公司的可持续发展奠定基础。报告期内，公司实现营业收入 67.96 亿元，同比减少 11.3%，实现归属于母公司所有者的净利润 1.33 亿元，较上年同期减少 65.2%。

3. 竞争力分析

一是工艺技术优势。公司拥有自主开发的专利技术及非专利核心技术，这些是公司在过去 30 年中不断研发所积累的成果，同样也是公司生存、发展和立足于市场的关键竞争优势之一。公司持续追求工艺技术创新，运用尖端生产设备，借助自主研发的技术对生产装备进行深度工艺优化，不断改进生产流程、工艺方法和参数配置，力求提升自动化程度和降低能耗。目前，公司生产设备及工艺技术水平在行业内具备核心竞争力。

二是材料采购优势。公司已建立了国际化的废铝采购网络。太仓公司负责国内原物料的采购；马来西亚怡球采购部门向日本、韩国、东南亚地区（包括马来西亚本地、新加坡等地），以及欧洲地区进行采购；

旗下子公司 AME 公司则专注于美国及北美市场的原材料采购业务，并已经在美国纽约和洛杉矶建立了两个采购分中心，各自负责美国东部和西部原材料采购事宜。

三是客户优势。公司铝合金锭产品主要供应给汽车、电动工具、电子通信、五金电器等领域的客户，公司深耕行业数十年，具有一定的知名度和信誉，已成为多家世界知名汽车生产商、电器和电子生产企业的供应商。国外具有较为完整产业链，可以直接对接终端生产厂商。近年来公司也在积极拓展新能源汽车方向的客户，与国内多家该类型的汽车零部件压铸企业有业务往来。公司与下游客户间的供货关系稳定，具有一定的客户黏性。

四是管理优势。公司设有总管理处总经理室，保障公司实现迅速和可持续发展。根据发展需要，部门负责优化公司组织架构，保障公司组织架构和业务流程的合理性，帮助公司实现最佳运营成果。公司目前通过 SAP、BPM、DCS、MES 系统的相互整合，实现了数据一次性录入、系统共享的模式。公司管理层具有几十年的再生铝行业从业和管理经验，是一支具有国际化经验的职业管理团队。

五是国际化经营优势。当前，再生铝行业的原材料和产品价格在全球范围内存在显著差异，国际市场对国内市场的影响深远，且市场竞争已经扩展至全球范围。公司凭借 40 多年的国际化经营经验，旗下拥有马来西亚怡球公司、美国 AME 公司及 Metalico 等海外业务实体，构建了覆盖全球的原材料采购及产品销售网络。公司管理层积累了多年的国际化运营经验。这种全球化的企业架构和管理团队的国际化视野，为公司在激烈的市场竞争中提供了重要的优势。

# 重点行业篇

第四章

# 2023 年钢铁行业节能减排进展

## 第一节　总体情况

### 一、行业发展情况

2023 年中国钢铁行业主要产品产量平稳增长。据国家统计局数据，2023 年粗钢、生铁和钢材产量分别为 10.2 亿吨、8.7 亿吨和 13.6 亿吨，分别比上年同期增加 0.1%、0.8%、1.7%。2023 年规模以上黑色金属冶炼和压延加工业增加值比 2022 年增长 2.1%。

进口铁矿石价格呈现"N"形走势。海关进口数据显示，2023 年中国铁矿砂及其精矿进口量为 11.9 亿吨，同比增长 6.6%。铁矿砂及其精矿进口金额 13.3 亿美元，同比增长 4.9%。其中，进口铁矿石价格呈现"N"形走势，年均价 119.46 美元/吨，是近三年以来的价格低点，同比下降 0.6 美元/吨，较 2021 年均价下降 39.35 美元/吨。

钢材价格呈现冲高回落、震荡下行走势。2023 年，中国钢材价格指数平均值为 111.60 点，同比下降 9.02%。其中，钢材指数平均值为 115.00 点，同比下降 10.24%，板材指数平均值为 111.53 点，同比下降 8.12%。钢材平均综合价格为 4452 元/吨，较 2022 年下降 10.5%，价格同比降幅由大到小分别为型钢、特钢、钢筋、厚板、热轧产品和冷轧产品。从季度趋势来看，钢材价格的变动呈现出一定的波动性。前三季度，钢材市场面临着强预期与弱现实之间的博弈，导致钢材市场价格的震荡偏弱运行。在此期间，市场的乐观预期与实际供需状况的不匹配，给钢

材价格带来了较大的不确定性。第四季度，随着钢铁供应的逐渐放缓以及成本的偏强支撑，钢材价格开始逐渐回升。这表明市场开始趋于稳定，同时也显示出成本因素对钢材价格的影响逐渐增强。

钢铁企业效益持续下滑。国家统计局数据显示，2023 年黑色金属冶炼和压延加工业实现营业收入 8.34 万亿元，同比下降 2.2%；营业成本 7.93 亿元，同比下降 2.8%；实现利润总额 564.8 亿元，同比增长 157.3%，在 41 个工业大类行业中利润总额增长幅度最大。据中国钢铁工业协会数据，2023 年，重点统计会员钢铁企业利润总额 855 亿元，同比下降 12.47%；平均销售利润率 1.32%，同比下降 0.17 个百分点。尽管如此，钢铁行业总体资产状况仍处于较高水平，有抵御阶段性风险的基础和实力。

## 二、行业节能减排主要特点

### （一）行业绿色低碳政策持续发布

一是钢铁行业稳增长工作方案印发。工业和信息化部等七部门印发《钢铁行业稳增长工作方案》，提出 2023 年，钢铁行业供需保持动态平衡，全行业固定资产投资保持稳定增长，工业增加值增长 3.5%左右；2024 年，行业发展环境、产业结构进一步优化，高端化、智能化、绿色化水平不断提升，工业增加值增长 4%以上。二是编制《钢铁行业智能制造标准体系建设指南（2023 版）》。提出到 2025 年，建立较为完善的钢铁行业智能制造标准体系，突出标准在先进制造技术与新一代信息技术相互融合和迭代提升过程中的引导作用。三是多地公布钢铁行业转型升级行动计划。《山西省钢铁行业转型升级 2023 年行动计划》发布，要求 1200 立方米以下高炉、100 吨以下转炉（电炉）、50 吨以下合金电炉按照“先立后破”原则有序退出。《湖北省冶金产业转型升级实施方案（2023—2025 年）》印发，提出到 2025 年，钢铁行业营业收入超 3000 亿元，力争实现优特钢产能占比 70%左右。

### （二）主要能耗指标小幅增加

综合能耗指标同比小幅上升。据中国钢铁工业协会统计，2023 年吨钢综合能耗为 557.15 千克标准煤，同比增加 1.21%；可比能耗为 492.62 千克标准煤/吨，同比升高 0.30%。据分析，废钢消耗量降低是拖累钢铁工业能耗降低的重要因素。2023 年中国钢铁工业协会会员单位废钢利用量为 9686.20 万吨，同比增加 251.36 万吨，增加来源主要为转炉，其废钢利用量同比增加 1.28%。主要工序能耗指标略有下降。统计的会员单位烧结、球团、焦化、高炉、转炉、电炉能耗均全面下降，降幅分别为 0.24 千克标准煤/吨、1.09 千克标准煤/吨、1.44 千克标准煤/吨、0.34 千克标准煤/吨、1.73 千克标准煤/吨、0.21 千克标准煤/吨，但钢加工工序能耗上升。

### （三）主要污染物排放量显著下降

2023 年，统计的会员生产企业外排废水总量同比下降 12.39%。外排废水中化学需氧量排放量比上年减少 17.68%，氨氮排放量比上年减少 14.78%，总氰化物比上年减少 28.07%，悬浮物排放量比上年减少 2.91%，石油类排放量比上年减少 12.57%。

2023 年，统计的会员生产企业废气排放总量同比增长 7.84%。外排废气中二氧化硫排放总量同比减少 9.08%，吨钢烟尘粉尘排放量同比减少 8.21%。吨钢二氧化硫排放量同比下降 6.48%，吨钢氮氧化物排放量同比下降 10.17%。

### （四）水资源利用效率持续提高

钢铁行业吨钢耗新水指标和水重复利用率持续优化。2023 年，吨钢耗新水比上年下降 0.95%，低至 2.41 立方米。2022 年，统计的会员生产企业用水总量 951.96 亿立方米，比上年增长 3.29%。取新水量同比下降 1.16%。水重复利用率为 98.25%，比上年提高 0.05 个百分点。

2018—2023 年吨钢耗新水和水重复利用率情况如表 4-1 所示。

表 4-1　2018—2023 年吨钢耗新水和水重复利用率情况

| 指　标 | 年　份 | | | | | |
| --- | --- | --- | --- | --- | --- | --- |
| | 2018 年 | 2019 年 | 2020 年 | 2021 年 | 2022 年 | 2023 年 |
| 吨钢耗新水/（$m^3/t$） | 2.75 | 2.56 | 2.45 | 2.46 | 2.44 | 2.41 |
| 水重复利用率/% | 97.79 | 97.88 | 97.97 | 98.02 | 98.20 | 98.25 |

### （五）资源综合利用水平整体较高

2023 年，钢渣、高炉渣、含铁尘泥利用率依旧保持在 99%左右，其中钢渣利用率 98.85%，比上年提高 0.25 个百分点；高炉渣利用率 99.39%，比上年提高 0.09 个百分点；含铁尘泥利用率 99.66%，比上年提高 0.16 个百分点。高炉煤气、转炉煤气、焦炉煤气利用率持续保持在 98%以上，其中，高炉煤气利用率 98.61%，比上年降低 0.39 个百分点；转炉煤气利用率 98.59%，比上年提高 0.08 个百分点；焦炉煤气利用率 98.71%，比上年降低 0.24 个百分点。

2018—2023 年行业固体废物和可燃气体资源化利用情况如表 4-2 所示。

表 4-2 2018—2023 年行业固体废物和可燃气体资源化利用情况

| 资源化利用 | 年份 | | | | | |
|---|---|---|---|---|---|---|
| | 2018 年 | 2019 年 | 2020 年 | 2021 年 | 2022 年 | 2023 年 |
| 钢渣利用率/% | 97.92 | 98.11 | 99.09 | 99.15 | 98.60 | 98.85 |
| 高炉渣利用率/% | 98.1 | 98.83 | 98.90 | 99.38 | 99.30 | 99.39 |
| 含铁尘泥利用率/% | 99.65 | 99.12 | 99.78 | 99.89 | 99.50 | 99.66 |
| 高炉煤气利用率/% | 98.55 | 98.02 | 98.03 | 98.35 | 99.00 | 98.61 |
| 转炉煤气利用率/% | 98.67 | 98.26 | 98.33 | 98.50 | 98.51 | 98.59 |
| 焦炉煤气利用率/% | 98.97 | 98.45 | 98.53 | 98.46 | 98.95 | 98.71 |

数据来源：中国钢铁工业协会

## 第二节 典型企业节能减排动态

### 一、北京首钢股份有限公司

#### （一）公司概况

北京首钢股份有限公司（简称“首钢股份”）作为世界 500 强企业首钢集团有限公司旗下的重要控股上市公司，其业务版图广泛且实力雄厚。公司全资掌控迁安钢铁公司（迁钢公司）和京唐钢铁联合有限责任公司（京唐公司），同时持有北京首钢冷轧薄板有限公司（冷轧公司）

及首钢智新迁安电磁材料有限公司（智新电磁）等钢铁生产实体的控股权。首钢股份具备从焦化、炼铁、炼钢到轧钢、热处理等一整套完善的生产工艺流程，且采用国际领先水平的装备和工艺，能够生产品种丰富、规格齐全、冷热系全覆盖的板材产品系列，以满足市场的多样化需求。

### （二）主要做法与经验

（1）积极应用节能技术、开展重点工序节能降耗专项行动

首钢股份积极推行绿色发展战略，通过引进清洁能源和前沿环保技术，不断在固废配加、炉顶回收工艺、油品净化循环利用等领域进行技术革新与突破。这些努力旨在深化余能资源的回收利用，进一步提高能源利用效率，并显著降低污染物排放。经过这些努力，公司的能源回收及转化利用效率取得了显著的提升，二次能源自发电率攀升至48.56%，较去年同期提高了2.13个百分点。同时，水资源循环与再利用率也稳定保持在98.73%的高水平。

（2）发布低碳行动规划，明确低碳战略目标和实施路径

2023年，首钢股份正式发布了《首钢股份低碳行动规划》，该规划清晰地勾勒出低碳战略目标和具体实施路径。为确保目标的实现，公司建立了全面的产品生命周期评价体系和高效的数据采集平台，同时积极推进EPD发布与组织碳认证工作。在冶炼流程方面，已建立了低碳冶炼流程，并成功建成了一系列屋顶分布式光伏发电设施。目前，公司围绕长流程和短流程工艺，积极探索并形成了四条基本降碳路线：源头降碳、能效降碳、协同降碳和社会降碳。通过综合运用先进的低碳技术，在多个产品领域取得了显著的降碳成效。超高强钢、低碳铝镇静钢、IF钢碳排放分别减少了31.47%、52.83%和49.68%。此外，还具备了批量生产降碳30%以上的低碳汽车板镀层产品的能力，这标志着首钢股份在低碳制造领域取得了重要突破。

（3）大力研发绿色低碳产品，加快国产材料替代进程

公司致力于研发一系列绿色低碳产品，包括高能效电工钢、汽车轻量化高强钢、高强家电用钢以及长寿命锌铝镁家电板等，成功实现了包括取向电工钢15SQF1250、无取向电工钢ESW1021以及高强汽车用钢980TBF在内的六款新产品的首发。此外，公司还聚焦于解决“卡脖子”

问题，持续推动“替代进口”国产化项目，目前已有 26 项项目形成供货，总计达到 8 万吨，有效促进了国产材料的自主创新和产业升级。

## 二、宝山钢铁股份有限公司

### （一）公司概况

宝山钢铁股份有限公司（简称“宝钢股份”）是中国最现代化的特大型钢铁联合企业，也是国际领先的世界级钢铁联合企业。其母公司中国宝武钢铁集团有限公司在 2022—2023 年间连续跻身《财富》世界 500 强榜单前 50 位，并荣获“《财富》最受赞赏的中国公司”及“行业明星榜”金属类榜首的殊荣。在绿色制造方面，宝钢股份致力于构建以极致能效、绿色能源、低碳冶金和循环经济为核心的示范体系，将数智化技术深度融入绿色低碳工艺，加速钢铁制造的转型升级。此外，宝钢股份积极开发低碳钢产品，实现了国内首个低碳排放汽车板产品的量产供货，针对清洁能源行业的发展趋势推出新产品，助力下游企业实现低碳转型。

### （二）主要做法与经验

（1）实施循环经济，发展绿色无废城市钢厂

宝钢股份积极推动废弃物管理向高值化方向转变，通过多项举措提升废弃物的高效利用并推动相关产业的高质量发展。包括加大废弃物源头减量的力度，协同处置社会固危险废，升级改造固废资源管理系统，推动固废返生产利用，以及深度开发固废的循环利用潜力。同时，宝钢股份还在公司外部与用户建立了废钢直接循环回收业务，实现对社会废钢的精细分质分类处理，不仅提高了废钢在高等级汽车用钢中的比例，而且有效降低了汽车用钢的碳足迹，为环保和可持续发展做出了积极贡献。

（2）积极发展绿色能源，研发低碳产品

宝钢股份坚定发展绿色能源的战略目标，不仅加快了新能源建设的步伐，还积极投身于绿电交易市场。公司新增光伏装机容量达到 112.6 兆瓦，累计装机容量突破 369 兆瓦，持续巩固了全球最大规模厂房屋顶

光伏项目群的地位。在绿电交易方面，宝钢股份更是取得了显著成绩，合计完成交易电量达10.28亿千瓦时。此外，引入富氢碳循环高炉、氢基竖炉、高效电炉等革命性的生产工艺，大幅降低生产制造流程中的碳排放，布局了一系列高强度、高能效、耐腐蚀、长寿命、高功能的绿色产品。同时，结合绿色能源的使用和废钢的再利用，进一步减少钢铁制造过程中碳排放。

（3）深化绿色低碳和智能制造，加快推进数字化转型

宝钢股份将节能提效置于首要位置，通过实施能效达标杆和创领航行动，坚定不移地加大“三治四化”推进力度。致力于全面完成超低排放创A工作，持续助力全国范围内“无废城市”的建设。同时，还加强了长江、黄河沿线单位的生态环境保护，以确保绿色可持续发展。为了引领行业变革，启动了国内首条面向高端板材的零碳绿色示范生产线，为行业树立了新的标杆。

第五章

# 2023 年石化和化工行业节能减排进展

石化和化工行业在我国国民经济中占据重要的地位，相关产品广泛应用于国民经济的各个领域，不仅深入渗透到人民生活的方方面面，也为国防科技提供了坚实的支持。2023 年，石化和化工行业产品产量整体表现为增长态势，全行业通过加大节能降碳技术改造、推进能效水平提升、基地协同一体化、加速构建零碳产业链等措施积极推进绿色低碳发展，在节能减排方面取得了诸多进展。

## 第一节　总体情况

### 一、行业发展情况

行业产品产量整体表现为增长态势。2023 年，我国原油产量为 2.09 亿吨，同比增长 430.4 万吨；我国天然气产量为 2324.3 亿立方米，同比增长 123.2 亿立方米。主要化工产品方面，2023 年，我国硫酸（折 100%）产量为 9580.0 万吨，同比增长 75.4 万吨；我国烧碱（折 100%）产量为 4101.4 万吨，同比增长 120.9 万吨；我国乙烯产量 3189.9 万吨，同比增长 292.4 万吨。

产品价格整体呈现下降趋势。2023 年我国油气开采业、化学原料和化学品制造业的市场价格分别同比下降 10.2%、9%。基础化学原料市场方面，49 种主要无机化学原料中有 41 种市场均价下降；72 种主要有机化学原料中有 65 种市场均价下降。合成材料市场方面，69 种主要合成材料中有 63 种市场均价下降。硫酸（98%硫磺酸）、硝酸（浓度≥98%）、烧碱（98%片碱）、纯碱全年均价同比分别下降64.8%、18.8%、19.6%、4.1%。丙烯、甲醇、乙二醇（优等品）全年均价同比分别下降10.1%、11.0%、10.2%。

基础化学原料、合成材料、橡胶制品出口额均有所下降，原油、天然气对外依存度有所增加。2023年，我国基础化学原料的出口额下滑至953.5亿美元，降幅达到20.6%；与此同时，合成材料的出口额缩减至340.8亿美元，同比下降11.8%；橡胶的出口也遭遇挑战，出口额降至575.2亿美元，降幅达到6.0%。我国成品油出口表现强劲，出口量攀升至4197.9万吨，同比增长21.9%。此外，2023年，我国进口原油、天然气分别为5.64亿吨、1.21亿吨，同比分别增长11.0%和10.1%。

## 二、行业节能减排主要特点

### （一）加大节能降碳技术改造

2023年8月，国家发展改革委等部门发布《绿色低碳先进技术示范工程实施方案》，加快推进绿色低碳先进技术研发、示范、成果转化应用，提升绿色低碳产业的国际竞争优势。将绿色低碳先进技术分为了3大类：源头减碳、过程降碳和末端固碳。其中，化石能源清洁高效开发利用示范项目是源头减碳类重点方向之一；过程降碳类包含先进低碳石油化工、现代煤化工、绿色生物化工示范、可再生能源与石化化工生产系统耦合等工业领域示范项目。

### （二）推进能效水平提升

2023年6月，国家发展改革委等部门发布《工业重点领域能效标杆水平和基准水平（2023年版）》，进一步扩大了节能降碳改造升级范围，在原有的重点领域基础上进行了扩充后，有19个领域涉及化工行业。云南石化炼油、青岛炼化、中海油惠州石化等石化企业都将能效提升作为工作重点，持续推进节能降碳技术改造，实现企业单位能耗下降。

### （三）炼化协同一体化

2023年5月，广东石化炼化一体化项目正式投入商业运营，这是

我国一次性建设投资规模最大的炼化一体化项目，在我国石化行业转型过程中具有里程碑式的意义。同时，中国石化洛阳百万吨乙烯项目、中海壳牌惠州三期乙烯项目等炼化项目相继开工。深度发展炼化一体化，提升化工产品的产量，降低成品油的比重，成为石化行业重要的低碳发展模式和行业主基调。

#### （四）加速构建零碳产业链

2023 年 6 月，中国海油恩平 15-1 油田碳封存示范工程正式投用，这是我国建设的首个百万吨级海上碳封存示范工程，预计该项目每年封存量可达 30 万吨。2023 年 7 月，“齐鲁石化—胜利油田百万吨级 CCUS 项目”二氧化碳输送管道取得重大进展，实现全线贯通，正式投入运营，这是国内首条设计输送能力达百万吨级、跨越百千米距离的高压常温密相二氧化碳传输管道。

## 第二节　典型企业节能减排动态

### 一、江苏华昌化工股份有限公司

#### （一）公司概况

江苏华昌化工股份有限公司（以下简称“华昌化工”）成立于 1970 年，地处江苏省张家港市，是一家以化工为主业的上市公司，产业格局覆盖煤化工、盐化工、石油化工、氢能源等领域。多年来，华昌化工坚持可持续发展，入选工业和信息化部 2023 年度重点行业能效“领跑者”企业（纯碱），入选江苏省工业和信息化厅 2023 年度第四批绿色工厂名单，在绿色低碳发展方面取得了显著成效。

#### （二）主要做法与经验

##### 1. 推进工艺升级和节能改造

华昌化工积极致力于主体工艺的升级与优化。先后对氮肥生产装置进行了两次关键的原料结构调整与改造。在制气工序，摒弃了原本的常压间歇式固定床煤气炉，转而引入了高效水煤浆加压连续气化技术。在净化工序，华昌化工同样做出了改进，采用耐硫变换、低温甲醇洗配合液氮洗等先进清洁、低能耗的气体净化技术。通过这些改造，气化炉渣中的残碳含量明显降低，原料煤的利用效率得到了大幅提升，反应热被充分回收，进一步提升了整体生产的环保性和经济性。

#### 2. 发展循环经济模式

华昌化工积极构建循环经济模式，力求在生产过程中有效转化和利用“三废”。依托现有强大的煤气化平台进行布局，利用进口页岩气副产的轻烃资源，与合成气进行协同耦合，通过羰基合成技术延伸加工出丁辛醇、异丁醛、新戊二醇、聚酯树脂等新型化工材料。这一战略布局不仅实现了在煤化工、盐化工、石油化工以及新材料等多领域的协同发展，更大幅减少了副产资源的浪费，提升了资源的附加值，进一步拓展了企业在高端新材料领域的领先布局。

#### 3. 拓展氢能产业

华昌化工积极布局氢能利用领域，成立氢能源产业控股子公司——华昌能源科技有限公司，在氢气充装站及加氢站的建设、电堆及燃料电池等氢能产业领域积极探索，已经具备包括燃料电池催化剂、膜电极、电堆、发动机以及测试设备的全产业链自主研发能力。同时，华昌能源计划构建集“风、光、氢、储、充”一体的微电网，通过完善和优化产业链，加强各环节的协同与融合，实现零碳工业园的示范性建设和广泛推广，从而推动绿色能源产业的持续发展。

## 二、卫星化学股份有限公司

### （一）公司概况

卫星化学股份有限公司（以下简称“卫星化学”），成立于 1992 年，位于浙江省嘉兴市，公司深耕轻烃一体化，在高端聚烯烃、电子化学品、二氧化碳的综合利用等领域开展研发与创新。经过多年的发展，已成功打造了一条以新材料和新能源为核心的一体化产业链。入选工业和信息化部 2023 年度绿色工厂名单，在绿色发展方面取得显著成效。

## （二）主要做法与经验

### 1. 打造绿色供应链

卫星化学关注全流程的生态设计，致力于推动绿色供应链管理的实施。将绿色技术的使用贯穿全流程，覆盖从原材料采购到最终产品的回收再利用。基于绿色生产的理念，监测生产的能源及排放情况，开展生命周期评价相关工作，推动基础过程和产品数据库建设。发挥在供应链中的核心主体作用，带动整个产业链的上下游企业实现深度协作，致力于在产品全生命周期中实现环境影响的最小化、资源利用率的最大化，协调优化企业的经济、社会、环境效益，提升绿色供应链管理能力，努力推动行业的绿色低碳发展。

### 2. 打造园区循环经济

卫星化学还致力于园区循环经济的构建与发展，规划建设碳酸酯装置，将上游化工生产过程中产生的二氧化碳转化为资源。同时，公司积极拓宽氢能领域布局，将丙烷脱氢与乙烷裂解工艺中产生的丰富副产氢作为氢能源加以利用。以氢为原材料，推动相关化学品的研发与发展，形成紧密的产业链协同。推动园区的循环经济发展和可再生能源应用，为园区内相关企业提供绿氢，有效降低园区内制氢过程产生的二氧化碳排放。规划一系列氢能利用示范项目，如员工通勤氢能源班车、氢能储能等项目。通过一系列举措，加大对副产氢的开发利用，积极推动实现公司碳中和目标。

### 3. 加强绿色科技支撑

卫星化工积极增强研发创新能力，加速绿色低碳技术的转化应用。公司与韩国 SK 携手，共同投资兴建高端包装新材料 EAA 项目，以填补国内在该领域的技术空白。同时，积极推进催化剂、特种聚烯烃等产品的研发及工艺优化，为光伏、风电等相关行业提供稳定可靠的原料支持。在数字化浪潮中，卫星化工紧抓时代机遇，坚定不移地迈向“智能制造”的新阶段。自主建设“星云工业互联网协同平台”，构建企业动态数据库，实现了全过程的系统化和平台化管理，有效支撑了绿色化工产业的可持续发展。

第六章

# 2023 年有色金属行业节能减排进展

## 第一节　总体情况

### 一、行业发展情况

2023 年有色金属工业全年运行情况平稳向好。2023 年，规模以上有色金属工业增加值比上年增长 7.4%，增幅比上年高 2.2 个百分点，比全国规模以上工业增加值增幅高 2.8 个百分点。其中，有色金属冶炼和压延加工业增加值比上年增长 8.8%。有色金属工业稳中向好的态势日趋明显。新冠疫情以来，规模以上有色金属企业工业增加值呈现出稳定回升的态势，2020 年增长 2.1%，2021 年增长 3.1%，2022 年增长 5.2%，2023 年增长 7.4%。据中国有色金属工业协会统计，2024 年一季度，有色金属企业信心指数为 49.8，低于临界点 50，比 2023 年四季度上升近 1 个百分点，如图 6-1 所示。行业整体信心虽略显不足，但呈现出一定的回暖趋势。

产量平稳增长。2023 年，十种有色金属产品产量达 7469.8 万吨，比上年增长 7.1%，首次突破 7000 万吨；有色金属冶炼和压延加工业产能利用率为 79.5%，比上年上升 0.2 个百分点，比全国工业制造业产能利用率高出 4.2 个百分点。其中，精炼铜产量为 1298.8 万吨，增长 13.5%；原铝产量为 4159.4 万吨，增长 3.7%，原铝产量占十种有色金属产量的比重为 55.7%。氧化铝产量比上年增长 1.4%，铜材产量增长 4.9%，铝材产量由上年下降 1.4%，转为增长 5.7%。

有色金属品种价格分化。据中国有色金属工业协会分析[①]，一是主要有色金属品种价格涨跌分化。2023 年，铜价比上年小幅上涨，2023 年国内现货市场铜均价比上年上涨 1.2%。铝价跌幅持续收窄，2023 年国内现货市场铝均价比上年下跌 6.4%，但跌幅比前三个季度、上半年、一季度分别收窄 2.4、7.2、10.3 个百分点。二是主要有色金属价格国内市场好于国际市场。2023 年上期所三月期铜均价比上年上涨 1.8%，而 LME（London Metal Exchange，伦敦金属交易所）3 月期铜均价则下跌 3.2%；上期所 2023 年 3 月期铝均价比上年下跌 7.2%，LME 三月期铝均价下跌 15.8%。三是主要有色金属现货价格高于期货价格。2023 年国内现货铜均价比上期所三月期铜均价高 1051 元/吨，国内现货铝均价比上期所三月期铝均价高 238 元/吨。

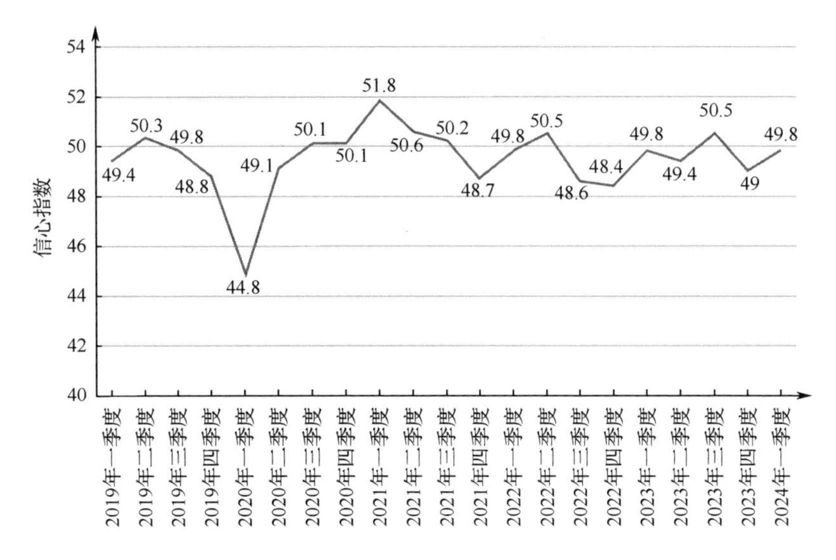


**图 6-1　2019—2024 年有色金属企业信心指数**

（数据来源：中国有色金属工业协会）

有色金属项目固定资产投资创近 10 年新高。2023 年，有色金属工业完成固定资产投资比上年增长 17.3%，增速创近 10 年新高，主要受

① 付宇：《2023 年十种有色金属产量突破 7000 万吨大关》，2024 年 1 月 31 日。

矿山采选投资增长拉动，冶炼与压延加工投资增幅较上年明显减缓。从有色金属采选、冶炼和加工投资额增长趋势上看，行业产业结构调整工作稳步推进。

有色金属进出口贸易总额增长。2023 年有色金属进出口贸易额变化主要特点：一是有色金属进出口贸易总额保持增长，其中，进口额增长，出口额下降。二是有色金属进口贸易额占比较大的金属品种依次是铜、黄金和铝，这三个金属品种占有色金属进口贸易额的比重达 86.5%；拉动有色金属进口贸易额增长的主要是黄金、铝，这两个金属品种进口增加额拉动有色金属进口贸易额增长 6.6 个百分点。三是有色金属出口贸易额占比大的金属品种依次是铝、铜、硅、锂，这四个金属品种出口额占有色金属出口贸易额的比重达 73.2%。

## 二、行业节能减排主要特点

### （一）国内回收再生资源供应保证度提升

再生金属是指以废旧金属制品和工业生产过程中的金属废料为原料炼制而成的金属及其合金。2023 年我国再生金属产品产量稳步增长，产业规模化、规范化程度不断提高，再生新材料研发能力进一步提升，产品应用范围不断扩大。2023 年，我国再生铜、铝、铅、锌量比上年分别增长 9.6%、9.8%、4.4%和 3.6%，占国内供应量的比重分别为 24.2%、18.0%、47.5%和 13.1%。2023 年生产再生金属所需的原料中，国内回收的再生金属原料数量和比例均明显增加。2023 年国内回收的再生铜原料占生产再生铜所需原料的比例达到 64.6%，比 2013 年占比提高了 10.4 个百分点。2023 年国内回收的再生铝原料占生产再生铝所需原料的比例达到 77.1%，比 2013 年占比提高了 9.8 个百分点。2023 年国内回收的再生铅原料生产再生铅比 2013 年翻了一番。2023 年国内回收的再生锌原料生产再生锌是 2013 年再生锌的 4.4 倍。

### （二）行业节能减碳效果明显

有色金属行业节能减碳效果明显。一是再生有色金属节能减碳作用进一步显现。2023 年，再生铜、再生铝、再生铅、再生锌四种再生金属节能 3734.3 万吨标准煤，减排二氧化碳 10452.4 万吨。二是电解铝用

电结构调整，节能减碳效果明显。近年来，电解铝企业积极落实“双碳”目标，主动把部分使用煤电的电解铝产能等量减量转移到水电较为丰富的云南等省区。转移到云南等省区的电解铝产能已逐步投产达产，2023年全国绿色能源生产电解铝占比达25%，比2015年提高11.6个百分点。按2023年电解铝综合交流电耗及单位发电量所消耗的标准煤计算，绿色能源生产电解铝占比提升1个百分点，相当于电解铝行业节约标准煤182.6万吨，减少二氧化碳排放493.0万吨左右。三是铜、铝、锌冶炼综合能耗（电耗）下降。2023年，铜冶炼综合能耗比上年下降3.4%，原铝（电解铝）综合交流电耗下降0.9%，铅冶炼综合能耗增长2.4%，电解锌冶炼综合能耗下降5.8%。

### （三）以行动方案指导行业绿色转型

2024年5月，国务院印发《2024—2025年节能降碳行动方案》（以下简称《行动方案》）。《行动方案》在有色金属行业节能降碳行动方面提出三项重要任务：一是优化有色金属产能布局。严格落实电解铝产能置换，从严控制铜、氧化铝等冶炼新增产能，合理布局硅、锂、镁等行业新增产能。大力发展再生金属产业。到2025年年底，再生金属供应占比达到24%以上，铝水直接合金化比例提高到90%以上。二是严格新增有色金属项目准入。新建和改扩建电解铝项目须达到能效标杆水平和环保绩效A级水平，新建和改扩建氧化铝项目能效须达到强制性能耗限额标准先进值。新建多晶硅、锂电池正负极项目能效须达到行业先进水平。三是推进有色金属行业节能降碳改造。推广高效稳定铝电解、铜锍连续吹炼、竖式还原炼镁、大型矿热炉制硅等先进技术，加快有色金属行业节能降碳改造。到2025年年底，电解铝行业能效标杆水平以上产能占比达到30%，可再生能源使用比例达到25%以上；铜、铅、锌冶炼能效标杆水平以上产能占比达到50%；有色金属行业能效基准水平以下产能完成技术改造或淘汰退出。2024—2025年，有色金属行业节能降碳改造形成节能量约500万吨标准煤、减排二氧化碳约1300万吨。

## 第二节　典型企业节能减排动态

### 一、中国铝业集团有限公司

#### （一）公司概况

中国铝业集团有限公司成立于2001年，是中央管理的国有重要骨干企业和国有资本投资公司试点企业，承担着打造全球有色金属产业排头兵、国家战略性矿产资源和先进材料保障主力军、行业创新和绿色发展引领者的重要使命。中铝集团产业链涉及铝、铜、铅、锌、镓、锗等20余种有色金属元素，主营业务遍布全球20多个国家和地区，2008年以来连续跻身世界500强行列，是英国力拓集团最大单一股东。主营的氧化铝、电解铝、精细氧化铝、高纯铝、铝用阳极产能全球领先，铜综合实力位列国内第一梯队，铅、锌综合实力国内领先，锗、镓金属产量国内第一。拥有中国铝业、云南铜业、中铝国际、云铝股份、驰宏锌锗、银星能源等6家上市公司，形成了铝、铜、高端制造、工程技术、资产经营、产业金融、环保节能、智能科技、海外发展等有色金属领域多元化发展格局。

#### （二）主要亮点工作

云南铝业大力实施绿色铝一体化发展战略，提出“绿色铝、在云铝”的口号，将绿色低碳发展理念贯穿于产业发展全过程。一是以理念武装头脑，确定走绿色低碳发展道路。强化理论学习，深入领会绿色发展理念，将绿色低碳发展入脑入心。强化组织领导，中铝集团将绿色低碳、生态保护纳入了世界一流优秀有色金属集团建设当中，成立了碳达峰碳中和及生态环保两个领导小组，设立了碳排放管理办公室，组建了绿色低碳工作组，正在承建工业和信息化部绿色低碳公共服务平台。二是推进结构调整，着力推动发展方式绿色低碳转型。近年来，中铝集团经过多年发展，已成为铝铜铅锌等多金属全产业链发展的全球最大有色金属企业，中铝集团深入推进供给侧结构性改革，加快产业结构调整和布局优化，充分发挥有色金属生产用电基荷大、负荷稳定的特点，积极参与

以消纳可再生能源为主的微电网建设，布局开发一批源网荷储一体化项目，更好地发挥行业绿色发展的引领能力。优化产品结构，中铝集团不断做强做优精细氧化铝、碳素材料，大力发展先进铝、铜材料和多种高纯超纯有色金属材料，全面建成投产云铝海鑫水电铝绿色冶炼项目。优化能源结构，包铝达茂旗源网荷储一体化、宁东 250 兆瓦光伏项目有序推进，云铝股份 2 兆瓦分布式光伏直供项目成功投运、成为行业首例，目前中铝集团使用清洁能源的电解铝产能已达到 45%，稳居行业第一。

## 二、中国有色矿业集团有限公司

### （一）公司概况

中国有色矿业集团有限公司（简称“中国有色集团”）成立于 1983 年，是国务院国资委管理的大型中央企业，主营业务为有色金属矿产资源开发、建筑工程、相关贸易及服务。目前，集团资产总额 1108 亿元，在境内外拥有出资企业 115 家，5 家出资企业实现了境内外上市，员工总数 46000 人。中国有色集团坚决贯彻落实习近平总书记重要指示批示精神，深入实施“创新引领，做大资源、做精材料、做强工程、做优贸易”的“1+4”发展战略，在实践中不断丰富“资源报国”的时代内涵。集团业务遍布 40 多个国家，涉及 40 多种有色金属品种，拥有境外重有色金属资源量 2000 多万吨，是我国“走出去”开发铜资源时间最长、产业链最完备、项目数量最多的企业。在非洲建立了中国第一个境外经济贸易合作区——赞比亚-中国经济贸易合作区，在“一带一路”沿线 30 多个国家和地区投资建设并运营着 8 座矿山、7 座冶炼厂，建成我国境外第一座铜矿山、第一座火法炼铜厂、第一座湿法炼铜厂、非洲第一座数字化矿山。

### （二）主要亮点工作

一是加快重大工程建设，深入实施节能降碳。中国有色集团以碳达峰行动方案为指南，结合中央环保督察整改要求，加快推动重大工程项目建设，加快淘汰高耗能落后机电设备，推进重点企业技术升级改造。碳达峰方案共设置 40 个重大工程项目，包括 1 个绿色低碳能力建设工

程项目、11 个战略新兴工程项目、15 个节能降碳工程项目、12 个资源高效利用工程项目、1 个数字化建设工程项目。中色沈矿富邦铜业积极推进节能减排技术升级项目建设，项目实施后企业单位产品能耗将降低50%以上，能耗指标达到铜冶炼标杆水平。二是打造标杆企业，引领绿色低碳发展。对标行业标杆，积极培育低碳标杆企业，以点带面实现企业绿色发展。中色大冶弘盛铜业项目按照全流程智能化建设，采用完全自热反应的“双闪”工艺，应用最成熟的环保新技术、最先进的环保新装备，高标准、高起点建设现代化铜冶炼厂。2023 年 4 月份弘盛铜业冶化生产系统基本实现达产，铜冶炼工艺阴极铜（铜精矿-阴极铜）单位产品综合能耗为 223 千克标准煤/吨，优于行业标杆值（260 千克标准煤/吨）水平，项目全面达产达标后，能耗水平还将进一步降低，每年预计可减排二氧化碳 18 万吨以上。三是实施项目能效审查，严禁投资“两高”项目。中国有色集团自上而下建立以能效水平引领绿色低碳发展的管理体系，以行业标杆值作为约束，加强项目环评和能评审查力度，坚决不走依靠“两高”项目拉动经济增长的老路，大力优化调整能源结构，合理控制煤炭消费增长，有序减量替代，推动节能降碳改造，着力提高能源利用效率，加快形成清洁低碳的用能结构，鼓励使用可再生能源。

第七章

# 2023年建材行业节能减排进展

建材行业是我国国民经济的重要基础产业，对提升居住环境、生态环境保护和循环经济发展提供关键支持。建材行业不仅是建筑施工、国防军工以及战略性新兴产业发展的保障，也对工业经济的稳定性发挥着至关重要的作用。

## 第一节　总体情况

### 一、行业发展情况

2023 年，建材行业全年生产运行总体稳定，但是受下游需求收缩和成本上涨以及外部环境不稳定等不利因素的影响，建材行业经济运行出现波动。全年建材行业运行特点是：主要产品产量下降，部分建材产品出厂价格低位回升，市场结构调整优化效果显现，建材及非金属矿商品进出口下降。由于房地产行业处于深度调整阶段，水泥等建材行业也遭到了严重挑战，整体市场需求疲软，全年水泥、平板玻璃产量均呈负增长，建材市场整体价格回落，水泥的年均价格创六年新低。全年整体特点是：水泥产销不足；平板玻璃生产呈负增长；建材产品价格同比下跌；水泥出口回升，进口大幅下降；固定资产投资增幅明显回落，行业利润大幅下降。

#### （一）产品产量下降

2023 年规模以上的非金属矿物制品业增加值同比下降 0.5%。其中，全国水泥产品的产量约为20.2亿吨，同比下降4.7%；平板玻璃的产量约为9.7亿重量箱，同比下降3.9%。其中水泥产销不足。2023年，水泥供给能力处于历史高位。中国水泥协会数据显示，2023年新点火新型干法水泥生产线17条，年设计熟料能力2492万吨。截至2023年年底，全国新型干法水泥熟料设计产能18.4亿吨/年，实际产能突破21亿吨。2006年以来历年水泥产量如图7-1所示。2006年以来历年平板玻璃产量如图7-2所示。

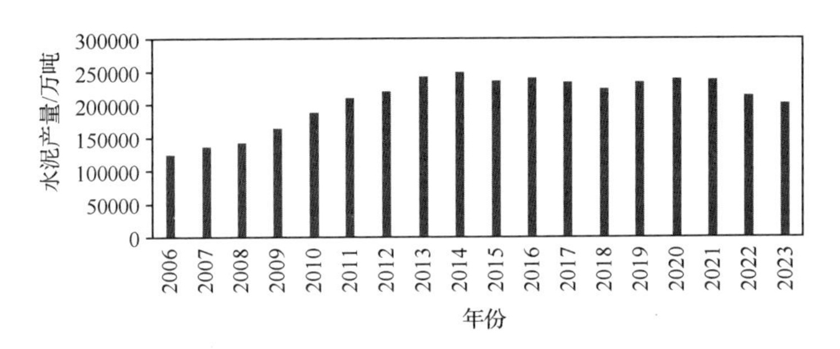


**图7-1　2006年以来历年水泥产量**

（数据来源：国家统计局，2024年2月）

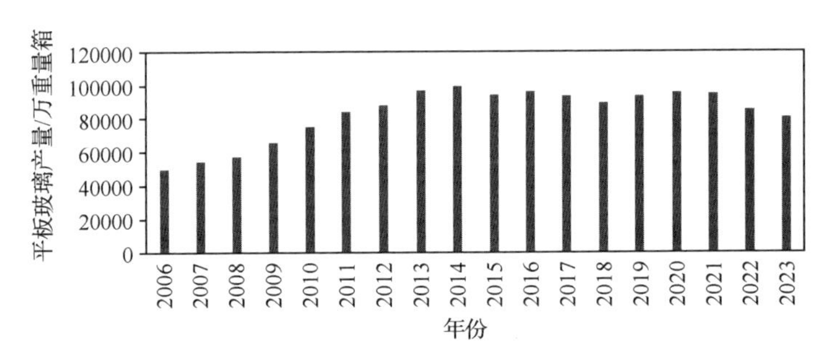


**图7-2　2006年以来历年平板玻璃产量**

（数据来源：国家统计局，2024年2月）

### （二）部分建材产品出厂价格低位回升

2023年，建材产品的出厂价格较上一年下降了6.8%。在建材行业的13个子分类中，建筑玻璃、技术玻璃、石灰和石膏、纤维增强塑料、卫生陶瓷以及非金属矿采选业五个行业12月份的出厂价格高于前一年同期，特别是建筑玻璃和技术玻璃的出厂价格，呈现出较快的增长趋势。

### （三）市场结构调整优化效果显现

2023 年 1—12 月，建材行业规上企业的营业收入同比下降 7.9%，利润总额同比下降 21.0%。这是由于市场需求不足以及外部环境复杂性增加等因素造成的。企业正在积极应对需求结构的变化，不断推动产品市场结构的优化，因此，深加工制品和新材料等产业的经济效益呈现出较强的增长趋势。同期，轻质建材、隔热保温材料、建筑陶瓷、建筑玻璃、卫生陶瓷、技术玻璃、纤维增强塑料和非金属矿采选业八个子行业营业收入和利润总额同比均保持增长，特别是建筑玻璃、石棉和云母矿采选业方面，利润总额的同比增长尤为显著。

### （四）建材及非金属矿商品进出口下降

2023 年，商品出口总值为 439.6 亿美元，同比下降了 11.0%。如果扣除汇率波动和价格降低的影响，建材的出口实质上增加了约 4.2%。在 12 月，商品出口总值为 38.4 亿美元，同比减少 19.1%，并且建材商品的离岸价格较去年同期下降了 22.4%。其中，大多数建材产品出口呈现了“量增价跌”的现象；而技术玻璃、萤石等商品的出口则表现为“量价齐增”。2023 年，建材及非金属矿商品的进口额达到了 345.9 亿美元，同比下降 1.2%。排除汇率和价格因素之后，建材的进口实际上减少了约 10.5%。特别是在 12 月，商品的进口额为 22.2 亿美元，比去年同期下降 42.6%。其中，白色硅酸盐水泥、彩色压延玻璃、玻璃纤维毡、砂石、石英石和石英岩、石膏板、萤石等建材商品的进口额同比增长较快。

## 二、建材行业节能减排主要特点

### （一）国家加快行业节能减排部署

一是推动建材行业稳增长。2023 年 8 月，工业和信息化部、国家发展改革委、财政部、自然资源部、生态环境部、住房城乡建设部、商务部、金融监管总局八部门发布了《建材行业稳增长工作方案》，加快推动建材行业向高端化、智能化、绿色化、融合化方向发展。

二是积极推广绿色建材。2023 年 3 月，工业和信息化部办公厅、住房城乡建设部办公厅、农业农村部办公厅、商务部办公厅、国家市场监督管理总局办公厅、国家乡村振兴局综合司发布了关于开展 2023 年绿色建材下乡活动的通知，加快绿色建材生产、认证和推广应用，促进绿色消费，助力美丽乡村建设。2023 年 12 月，工业和信息化部、国家发展改革委等十部门联合印发《绿色建材产业高质量发展实施方案》，提出到 2026 年，我国绿色建材领域的年营业收入超过 3000 亿元，并且 2024—2026 年年均增长 10%以上的目标。

三是推动先进适用技术推广。2023 年 04 月，工业和信息化部公告了《建材工业鼓励推广应用的技术和产品目录（2023 年本）》，发布了推广应用技术和产品共 48 项，推动建材行业向高端化、智能化、绿色化方向转型升级。

### （二）行业加强技术引导

2023 年，相关行业协会和智库机构等发布了水泥、平板玻璃、建筑卫生陶瓷、玻璃纤维等行业的节能降碳技术目录以及应用指南。中国建筑材料联合会陆续发布了《水泥行业碳减排技术指南》《平板玻璃行业碳减排技术指南》《建筑陶瓷行业碳减排技术指南》《卫生陶瓷行业碳减排技术指南》和《玻璃纤维行业碳减排技术指南》，供水泥、平板玻璃、建筑卫生陶瓷、玻璃纤维行业企业开展节能降碳技术改造时参考。

智库及相关机构加强宣贯《建材工业鼓励推广应用的技术和产品目录（2023 年本）》，对各方面要素进行引导，使其流向建材领域中的新型产业和传统产业的技术改造项目，进一步推动建材工业绿色化、高端化、智能化升级。

### （三）企业积极开展能源管理和综合利用

一是加强能源管理。中国建材等龙头企业积极加大对能源管理和节能技术的投入，通过优化生产工艺流程、提高能源利用效率和采用高效节能设备等手段，实现了能源消耗的降低和碳排放的减少。

二是强化资源综合利用。企业针对尾矿、工业副产石膏等大宗固体

废弃物，建设一系列的资源综合利用示范项目，推进区域内产业耦合发展。

三是研发新材料。企业积极投入研发高效保温材料、太阳能材料等新型建筑材料，研制具有更低的能耗和碳排放的新材料，对减少建筑的能耗和碳足迹起到了积极作用。

# 第二节　典型企业节能减排动态

## 一、东方雨虹

### （一）公司概况

东方雨虹于 1995 年创立，专注于为基础设施、工业建筑和民用、商用建筑提供高品质的系统解决方案，凭借其优质的服务成为建筑建材领域的杰出服务商。公司于 2008 年成功上市，之后其部分产品相继获得了欧盟 CE 认证、德国 EC1 认证等多项国内外产品认证。公司不仅获得第十七届“全国质量奖”、2017 年“全国质量标杆”“国家技术创新示范企业”等荣誉认定，还被《财富》杂志评为中国上市公司 500 强之一。公司主要核心业务是新型建筑防水材料的研发、生产、销售和防水工程施工等，通过不断延伸上下游及相关产业链，逐步覆盖建筑防水、砂浆粉料、民用建材、建筑涂料、胶黏剂、节能保温、管业、新能源、建筑修缮、特种薄膜、非织造布、乳液等多元业务板块。

2023 年，东方雨虹全年营收 328.23 亿元，同比增长 5.15%，归属于上市公司股东的净利润 22.73 亿元，同比增长 7.16%。报告期内，以民建集团、建筑涂料零售、建筑修缮集团雨虹到家服务为代表的 C 端零售业务稳扎稳打、持续发力。公司零售业务实现营业收入 92.87 亿元，同比增长 28.11%，占公司营业收入比例的 28.29%，零售业务占比逐步提升。

东方雨虹在内部积极推行绿色低碳发展，开展节能降碳工作降低自身碳排放，同时努力增强自身生产运营和产品服务适应气候变化的能力和水平，提升气候韧性。公司识别生产和运营过程中的温室气体排放种类，搭建温室气体排放核算体系，收集并核算自身碳排放；识别碳排放重点环节，积极采取减排措施，深化碳减排技术，努力减少自身的碳排放。2023年，公司坚持“低碳环保、提质降耗”的发展理念，持续加强能源管理，将能耗融入生产经营管理指标中，促进生产环节能耗不断降低；开展水循环、热循环、空压机改造等项目建设与应用，提高能源使用效率；逐步在全国各生产研发物流基地建设分布式光伏，提高可再生能源使用比例。截至2023年年底，公司在23个生产型工厂建设光伏项目，年度使用绿色电力0.42亿千瓦时，减少温室气体排放2.37万吨二氧化碳当量。

### （二）发展特点

一是善于利用品牌优势。公司是国内建筑防水行业的第一家上市公司，品牌优势源于对产品质量心存敬畏，严苛要求服务品质，持续拓展应用场景和应用领域。公司自成立以来高质量地承担国家项目，取得了卓越的经营业绩，受到广泛认可，并在此基础上培育了公司的品牌形象，形成巨大的品牌优势。2023年，公司上榜“2023中国品牌价值评价信息”“2023年《财富》中国上市公司500强”“2023年度全球建筑材料上市公司综合实力排行榜”“中国上市公司ESG百强”，入选“品牌价值领跑者”并获评“突出贡献品牌单位”；入选工业和信息化部“数字领航”企业名单，荣获7项荣誉，公司亦获评“工程防水影响力品牌”“防水卷材影响力品牌”“高分子防水卷材影响力品牌”及“聚氨酯防水材料”称号。

二是重视产品研发。公司是国家技术创新示范企业及国家高新技术企业，成功获批了建设特种功能防水材料国家重点实验室，并拥有博士后科研工作站、国家认定企业技术中心等研究开发平台。公司将环保、高效、智能发展融入研发、生产、施工等环节，积极探索“绿色设计、绿色生产、绿色施工、绿色建筑”的可持续发展路径。公司自主研发热熔改性沥青卷材自动摊铺车“坦途 JCJR-100”，是集热能循环系统、压实系统、燃烧系统、自动行走系统等于一体的智能装备，在有效提升施工质量、节省人力的同时，低碳环保、降低能源消耗。

三是优化产能布局。公司已经在华北、华南、华东、华中、东北、西北和西南等地区建立了生产、物流和研发基地，产能分布广泛且合理。

公司积极推动高新技术在研发设计、生产制造、营销服务、经营管理等方面的深入应用，持续打造并不断完善集“自动化、数字化、精益化、集成化、智能化”于一体的智能产业新生态，通过智能生产线、智能仓储、智能监管等全过程智能管控不断提高生产效率及仓储运营效率，实现全国范围内协同生产发货，满足客户多元化产品的需求，具备了其他竞争对手不可比拟的竞争优势。

## 二、海螺水泥

### （一）公司概况

安徽海螺水泥股份有限公司（简称“海螺水泥”）于1997年成立，并于1997年10月在香港上市，是水泥行业最早在港上市的公司，也于2002年2月在上海证券交易所上市。下属470多家子公司（含新能源、海螺环保），分布在全国25个省、自治区、直辖市，以及印尼、缅甸、老挝、柬埔寨、乌兹别克斯坦等国家，员工4.81万人。主营业务涵盖水泥、水泥熟料、建筑骨料及混凝土的生产和销售。根据市场需求，集团的水泥产品种类主要有32.5级水泥、42.5级水泥和52.5级水泥，这些产品广泛应用于铁路、机场、公路、水利工程等国家重点基础设施建设项目，同时也用于城市房地产开发、水泥制品制造以及农村市场等领域。

2023年，公司营业收入达1409.99亿元，比上年同期增长6.80%；归属于上市公司股东的净利润达104.30亿元，比上年同期降低33.40%。截至2023年年底，集团水泥熟料的产能为2.72亿吨，水泥产能为3.95亿吨，骨料产能为1.49亿吨，商品混凝土产能为3980万立方米，公司在运行的光储发电装机容量为542兆瓦。2023年，海螺水泥累计排放二氧化碳18378万吨，较2022年下降2027万吨，同比下降9.9%。2023年底，海螺水泥吨熟料综合能耗为102.63千克标准煤，同比2022年吨熟料综合能耗104.88千克标准煤下降约2.1%，较2020年下降约7.2%，已提前完成到2025年熟料工序单位产品综合能耗降低6%的目标。公司将继续结合国家相关政策要求、发展规划等，每年对能耗强度目标进行更新。

### （二）发展特点

一是重视科技创新。自1997年上市以来，公司始终专注于水泥主业的发展，致力于提升核心竞争力。始终坚持自主创新和科技创新，积极推行节能减排措施，致力于低碳循环经济发展。在二十多年的持续、健康、稳健发展过程中，不断优化内部管理，加强市场建设，推动技术创新，成功打造了具有独特特色的"海螺模式"。这个模式为公司赢得了明显的资源优势、技术优势、资金优势、人才优势、市场优势、品牌优势，助力公司在激烈的市场竞争中一直保持领先地位。

二是加速数智化转型。海螺水泥作为全球最大的水泥建材企业之一，重视数字化、智能化、信息化建设，持续推进水泥生产全生命周期的绿色转型，从无人驾驶的智慧化开采、质量管理的智能化控制，再到数字化智能装运以及运输平台的生态融合，致力于打造数字化产业新格局，在增强经营韧性的同时，用实际行动积极践行公司绿色低碳的发展战略。在新一轮科技革命和产业变革浪潮中，公司推动大数据、5G、人工智能、工业互联网和产业发展深度融合，加速企业数字化转型升级，初步构建集团智能制造与数字产业集群。加速数字化智能矿山系统、智能质量控制系统及机器人自动装车系统等数智化技术成果的推广应用，同时加大安全环保的投入，积极推动绿色低碳发展，以此进一步加强和提升竞争优势，全面增强集团的核心竞争力。

三是争做低碳水泥的引领者。海螺水泥将绿色低碳转型视为公司可持续发展的必由之路，大力实施节能降耗技改，推动能源结构优化调整，通过 CCUS（Carbon Capture，Utilization，and Storage，碳捕获、利用和封存）等技术实现二氧化碳的资源化利用，推崇低碳环保的工作生活方式，不断推进温室气体减排工作，致力于推动整个水泥行业实现绿色健康可持续发展。2023 年，集团公司的节能减排投入约 26 亿元，新能源项目投入约 7.21 亿元。

第八章

# 2023年电力行业节能减排进展

2023年，在面临上半年水源持续不足、夏季多轮极端高温以及冬季大范围的严寒等多重挑战下，电力行业坚决执行党中央、国务院的决策部署，大力弘扬电力精神，为确保经济社会发展和人民群众的美好生活提供了坚强电力保障。电力行业坚守着新时代中国特色社会主义思想的理论指引，深入落实习近平总书记对能源及电力领域的系列重要讲话精神和重要指示，以及“四个革命、一个合作”能源安全新战略。电力供应保持了安全稳定的态势，电力消费呈现出稳中向好的趋势，电力供需实现了总体平衡。各类电源的总装机容量攀升至29.2亿千瓦，2023年见证了非化石能源发电装机量首次领先于火电，其所占比例首次突破半数关卡，达到了总装机容量的一半以上。与此同时，煤电装机比例首次下滑至40%红线以下，标志着我国电力系统正稳步迈向绿色低碳的转型之路。

## 第一节　总体情况

### 一、行业发展情况

在2023年度，我国总发电装机容量达到29.2亿千瓦，较上一年增长了13.9%。历史上首次人均发电装机容量超过2千瓦大关，具体数值为2.1千瓦/人。火力发电装机容量实现13.9亿千瓦，年增长率达到4.1%，煤炭发电装机容量为11.6亿千瓦，增长率为3.4%，其在全国总装机容量中的占比首次下滑至40%红线以下，具体为39.9%；水电装机容量为4.2亿千瓦，同比增长1.8%；核电装机容量为5691万千瓦，同比增长 2.4%；风力发电装机容量达到 4.4 亿千瓦，年增长率为 20.7%；光伏发电装机容量攀升至 6.1 亿千瓦，年增长率高达 55.2%。各类非化石能源发电设备的装机容量达 15.7 亿千瓦，占整体装机容量的 53.9%，较去年同期增长了大约 4.5 个百分点。2013—2023 年全国发电装机容量如图 8-1 所示。

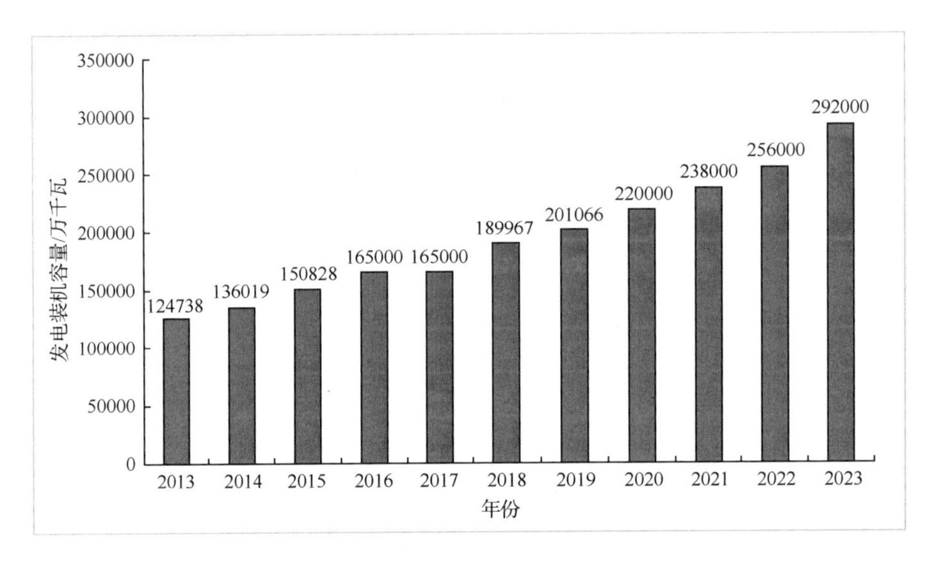


**图 8-1　2013—2023 年全国发电装机容量**

（数据来源：中国电力企业联合会、国家统计局）

水电发电量有所下降，煤电仍是当前我国主力电源。在 2023 年度，我国规模以上发电厂的发电总量达到了 8.91 万亿千瓦时，较上一年同期增长了 5.2%。具体来看，火电和核电的发电量较去年分别提高了 6.1%和 3.7%。值得注意的是，煤电的发电量占据了总发电量的大约 60%，显示出煤电依旧是我国电力输出的核心能源。全国规模以上电厂中的水电的产量较去年同期减少了 5.6%。而在 2023 年上半年，大型电厂的水电产量与去年同期相比下降了 22.9%，这主要是由于年初阶段主要水库储水量不足，加上上半年降水量连续偏少造成的；然而，在 8—12 月，水电产量实现了同比的正增长，这主要得益于下半年降水量有所恢复，以及去年同期较低的生产基数。煤电在我国电力体系中占据核心地位，其作用的发挥成功填补了水电比例减少所留下的空缺。

## 二、行业节能减排主要特点

### （一）非化石能源发电装机规模创历史新高

观察电力产业的装机容量增长速度和结构调整情况，可见其正逐步迈向绿色低碳的转型方向。2023年年末，我国全口径发电装机总量达到了29.2亿千瓦（见表8-1），而在这一总量中，非化石能源的发电装机容量为15.7亿千瓦，其所占的比例达到了53.8%，这一比例首次超过了半数大关。按类型划分，并网风电4.4亿千瓦（陆上风电4.0亿千瓦、海上风电3729万千瓦）；并网太阳能发电6.1亿千瓦（集中式3.5亿千瓦，分布式2.5亿千瓦）；水电发电装机规模4.2亿千瓦（抽水蓄能5094万千瓦）；核电5691万千瓦。截至2023年年底，全国风电与太阳能发电的联入电网装机总量攀升至10.5亿千瓦，较2022年末的7.6亿千瓦有大幅度增加，成功跨越10亿千瓦的里程碑，年增长率高达38.6%，在总装机量中的占比上升至36.0%，较上一年度提高了6.4个百分点。

表8-1 2023年全国各类发电机装机容量

| 指标名称 | 全年累计/亿千瓦 | 同比增长/% |
| --- | --- | --- |
| 全国发电装机容量 | 29.20 | 13.9 |
| 其中 水电 | 4.22 | 1.8 |
| 火电 | 13.90 | 4.1 |
| 核电 | 0.57 | 2.4 |
| 太阳能 | 6.10 | 55.2 |
| 风电 | 4.41 | 20.7 |

数据来源：国家能源局，2024年1月。

在电力新增装机中，风光新能源的主体地位更加巩固。在2023年度，我国电力装机总容量新增达到3.7亿千瓦，较上一年度增加了1.7亿千瓦。在此之中，太阳能发电的装机容量新增高达2.2亿千瓦，相比去年增加了1.3亿千瓦，其所占新增发电装机容量的比例高达58.5%。

### （二）发电设备平均运行时长整体显现出减少的态势

虽然发电设备平均运行时长整体减少，但火力、核能以及风力发电设备的运行时长却实现了增长。在2023年度，我国6000千瓦及以上的发电厂设备总计运行了3592小时，相比上一年度减少了101小时。太阳能发电设备联网运行时间为1286小时，同比减少了54小时。具体到不同类型的发电设备，水力发电设备运行了3133小时，同比减少了285小时（常规水力发电设备运行了3423小时，减少了278小时；抽水蓄能设备运行了1175小时，减少了6小时）。火力发电设备运行了4466小时，同比增加了76小时（煤炭火力发电设备运行了4685小时，增加了92小时；核能发电设备运行了7670小时，增加了54小时）。联网的风力发电设备运行了2225小时，同比增加了7小时。

### （三）电力行业碳排放量增长有效减少

根据国家能源局数据，电力行业能耗指标呈现下降趋势，在2023年的前十个月，全国范围内6000千瓦及以上的发电厂所供应的电力，其标准煤耗量平均为304.7克/千瓦时，与去年同期相比，降低了0.1%；2023年全国线损率为4.54%，同比下降0.28个百分点，呈现下降趋势。中国电力企业联合会发布的数据显示，2022年我国火力发电单位产出的二氧化碳排放量大约为824克/千瓦时，较上一年减少了0.48%，较2005年则下降了21.4%。而每千瓦时发电量的二氧化碳排放量大约为541克，与上一年相比减少了3.0%，相较于2005年则减少了36.9%。2006—2022年，我国电力行业总计减少二氧化碳排放量约247.3亿吨，通过拓展绿色能源、减少发电煤炭消耗及压缩输电损耗等手段，成功遏制了电力领域二氧化碳排放总量的上升趋势。

## 第二节　典型企业节能减排动态

### 一、国家能源集团

### （一）可再生能源多元规模化体系建设

在新能源开发利用方面，国家能源集团大力推进可再生能源多元

化、规模化发展。牵头开发宁夏腾格里、甘肃巴丹吉林合计2400万千瓦大基地项目，推广厂区屋顶、空地分布式光伏发电自发自用项目，“绿色氢能供应链”“氢能联盟服务链”体系加快构建，绿电供应占到了北京冬奥会场馆绿电交易电量的26.9%。

### （二）建设化石能源CCUS项目

国能集团泰州公司50万吨/年二氧化碳捕集与资源化能源化利用技术研究及示范项目、锦界公司15万吨/年燃烧后二氧化碳捕集示范工程、大同公司国内首套燃煤电厂二氧化碳化学链矿化利用工程建成投运，宁东基地CCUS一期100万吨/年示范项目启动建设。其中，国家能源集团江苏泰州电厂CCUS项目是目前亚洲火电行业规模最大、技术含量最高的CCUS项目，二氧化碳捕集量达50万吨/年。

## 二、华能集团

### （一）提高化石能源发电效率

华能集团建设了煤电机组掺烧污泥、生物质、多元固废等耦合发电项目，率先在日照电厂实现生物质直燃耦合发电、玉环多元固废耦合发电等项目。2023年5月，我国首次建成的魏家峁煤电项目，拥有66万千瓦的煤电机组，成功实现了与蒸汽熔盐储热技术的结合，用于调峰调频的示范工程正式投入使用。该项目每年能够提升新能源的接纳能力，高达6亿千瓦时的电量，同时减少煤炭消耗量约18万吨，并且降低了二氧化碳排放量，达到了30万吨的减排成果。

### （二）建设多能互补项目

在推进清洁能源方面，华能集团积极推进新能源装机，建设多能互补项目。在“十四五”前两年，华能新能源公司已启动建设的新能源项目总量超过3500万千瓦，投入运行的新能源项目达到1900万千瓦，其新能源的总装机容量已突破5000万千瓦大关；东部海上风电发展带、沿海三大核电基地、西南三大多能互补基地开发积极推进，绿色低碳转型进程不断加速。截至2023年5月，华能清洁能源占比为43.07%，同比上升4个百分点。

2023年5月25日，总装机规模约5000万千瓦的华能澜沧江西藏段水风光一体化清洁能源基地暨RM项目开工仪式在拉萨举行。该项目能够为西藏提供高质量的绿色能源支撑，同时对于粤港澳大湾区能源安全提供积极作用。作为国家能源局明确的全国三个流域水风光一体化示范基地之一，项目建成后将最大限度实现水光多能互补、系统平衡消纳，同时利用水电站送电通道集中打捆送电至粤港澳大湾区。

## 三、国家电投

推进绿电供应。在碳减排和清洁能源装机方面，国家电投在2022年12月31日将浙江湖州“综合智慧零碳电厂”项目并网投运，目前能为电网提供顶峰能力12万千瓦；在此项目良好运营的基础上，国家电投全面开展了“浙江会战”行动，2023年为浙江新增顶峰能力超百万千瓦，每年能为浙江最高用电负荷提供225亿千瓦时绿电，减排效应相当于47个杭州西溪湿地。截至2023年4月，国家电投电力总装机2.35亿千瓦，其中清洁能源1.59亿千瓦，清洁能源装机占比超67%，新能源装机、清洁能源装机规模均为全球首位。

## 四、中广核

### （一）建设高效核电站

2023年3月25日，在我国西部版图上，首座“华龙一号”机型——位于广西防城港的中广核核电站3号机组宣布投入商业运行。此项目的启动，有效促进了产业链相关技术的提升，助力5400余家相关企业完成了400多项核心设备的国产化进程。防城港核电站3号机组一举刷新了国内第三代核电机组的最佳运行纪录，其首个循环的能力因子高达98.2%。与此同时，4号机组也顺利完成了冷态和热态试验等关键步骤，正稳步推进至核燃料装载阶段。

### （二）建设大型重点风电项目

中国广核集团旗下新能源公司全力加速重点工程进度，2023年成

功实现了中广核兴安盟风电场的 300 万千瓦装机容量并网发电，这一项目标志着我国陆上风电场的最大规模运营基地正式投入使用；成功落成中核惠州港 100 万千瓦级海上风力发电工程，标志着其成为大湾区首个达到百万千瓦规模的海上风电基地；同时启动建设中核烟台招远的 400 兆瓦级海上光伏发电项目，该项目是国内首个规模化建设的近海固定桩基式海上光伏发电设施。

2023 年度，中国广核集团累计上网电量达到了 3338 亿千瓦时，较上一年度增长了 234 亿千瓦时。2023 年，清洁能源上网量相当于节约了超过 1 亿吨标准煤的消耗，并且减少了超过 2.6 亿吨的二氧化碳排放量。这一环保成效，相当于种植了 75.1 万平方千米的森林面积。

## 五、大唐集团

### （一）建设火电超超临界示范项目

在我国山东省菏泽市，大唐集团正积极推动一项具有全球领先水平的建设项目——大唐郓城 630℃超超临界二次再热发电项目，这是世界上首个此类示范项目。该项目总投资高达 93 亿元，其技术水平已跻身世界火电领域的尖端行列。项目投产后将进一步巩固我国在煤电技术领域世界领跑地位，预计该发电站年发电能力将达到 100 亿千瓦时，与传统的煤电设备相比，每年能够节省大约 35 万吨标准煤，并且减少二氧化碳排放量高达 94.5 万吨。大唐集团延安发电公司火电一期 2 台 66 万千瓦高效超超临界间接空冷燃煤发电工程 1 号机组已投产发电。该项目各项技术经济指标均处于国内同类型机组领先水平，是陕北至关中重要的电源支撑点，预计全年可节约标准煤 94 万吨，减少二氧化碳排放 250 万吨。

### （二）推进风光制氢一体化项目

大唐着手实施多伦地区 15 万千瓦的风光氢能一体化示范工程，标志着我国氢能源开发取得重大进展。该项目是国内首个中大型风光离网制氢深度耦合煤化工科技示范项目，绿氢耦合煤化工的研究，能够对大规模的风能和太阳能制氢项目、创新储能技术的研发突破，以及推动绿

色氢能产业化的进程发挥出显著的引领和示范效应。项目投产后，年制氢量可达 7059 万立方米，通过以“绿氢”代替“灰氢”助力煤化工绿色低碳转型。

在风能方面，中国大唐集团有限公司云南文山锦屏西风电项目 172 台风电机组全部并网发电投产，项目总容量 110.3 万千瓦，是云南首个高原山地百万千瓦级风电基地。随着该风电基地的全面投产，每年上网电量可达 26 亿千瓦时，每年预计可节约标准煤 80.65 万吨，减排二氧化碳 216.5 万吨，按照家庭年用电量 2400 千瓦时核算，可为 108 万户家庭提供一年用电量。

第九章

# 2023 年装备制造业节能减排进展

近年来，装备制造业在节能减排方面取得了显著进展。通过广泛采用绿色制造技术和优化生产工艺，行业整体能耗和排放量显著减少。同时，智能制造和数字化转型的推进极大程度地提高了资源利用效率，促进了可再生能源和清洁能源设备的普及使用，进一步推动了行业绿色发展。

## 第一节　总体情况

### 一、行业发展情况

装备制造业生产保持良好态势，持续稳定增长。2023 年装备制造业增加值比 2022 年提高 6.8%，增速比规模以上工业高 2.2 个百分点，占规模以上工业增加值比重的 33.6%，比 2022 年提高 1.8 个百分点。从制造业细分领域来看，2023 年相较于 2022 年呈现出多元化的增长态势。具体而言，金属制品业实现 7.3%增长率位居前列，通用设备制造业以 4.6%的增速紧随其后，专用设备制造业保持 3.6%的增长；在交通运输设备领域，汽车、铁路、船舶、航空航天及其他运输设备制造业以 20%的增长率成为增速最快的行业之一，电气机械及器材制造业以 5.6%的增长率稳步前行。通信设备、计算机及其他电子设备制造业以 10.1%的强劲增速快速发展。此外，仪器仪表制造业也实现了 5.9%的增长。

装备制造业利润快速增长，为整体经济注入了更为坚实的动力。2023 年行业利润以 4.1%的增速实现正增长，比 2022 年提高 2.4 个百分点；拉动规上工业利润增长1.4%，比2022年提高0.8个百分点。从细分领域观察，多个行业均展现出积极的增长态势：铁路、船舶、航空航天等制造业受益于造船需求激增与汽车产量快速增长的双重利好，利润较去年同期飙升22.0%；汽车制造业保持稳健增长，利润增长5.9%。此外，新能源产业的蓬勃发展，特别是光伏领域的强劲表现，为电子机械行业带来了15.7%的利润增长。在中央空调市场需求旺盛及工业自动控制系统技术进步的推动下，通用设备行业实现10.3%的利润增长。2023年装备制造业8个细分行业增加值累计增长率如表9-1所示。

表9-1 2023年装备制造业8个细分行业增加值累计增长率

| 行业 | 2022年增加值累计增长/% | 2023年增加值累计增长/% | 2023年较2022年增速同比增长/个百分点 |
|---|---|---|---|
| 金属制品业 | -0.4 | 3.2 | 3.6 |
| 通用设备制造业 | -1.2 | 2.0 | 3.2 |
| 专用设备制造业 | 3.6 | 3.6 | 0 |
| 汽车制造业 | 6.3 | 13.0 | 6.7 |
| 铁路、船舶、航空航天和其他运输设备制造业 | 2.4 | 6.8 | 4.4 |
| 电子机械及器材制造业 | 11.9 | 12.9 | 1 |
| 通信设备、计算机及其他电子设备制造业 | 7.6 | 3.4 | -4.2 |
| 仪器仪表制造业 | 4.6 | 3.3 | -1.3 |

数据来源：国家统计局，2024年4月

2023年新能源汽车产量958.7万辆，比上年增长35.8%。从细分车型来看，纯电动汽车累计产量完成670.4万辆，同比增长22.6%；插电式混合动力汽车累计产量完成287.7万辆，同比增长81.2%；燃料电池汽车累计产量完成0.6万辆，同比增长55.3%。

2023年，太阳能电池（光伏电池）产量5.4亿千瓦，同比增长54.0%；光伏制造业产值超1.75万亿元，同比增长17.1%；多晶硅、硅片、电池、晶硅组件产量分别超143万吨、662吉瓦、545吉瓦、499吉瓦，同比增长均在64%以上。

2023 年中国造船完工量、新接订单量、手持订单量分别占世界市场份额的 50.2%、66.6%和 55.0%，继续保持世界第一。完工量、新接量、手持量分别为 4232 万载重吨、7120 万载重吨和 13939 万载重吨，与 2022 年相比分别增长 11.8%、56.4%和 21.0%。

## 二、行业节能减排主要特点

### （一）装备制造业高质量发展进程加快

工业和信息化部等八部门联合印发《关于加快传统制造业转型升级的指导意见》。该意见强调，将大力促进工业企业数字化进程，到 2027 年，数字化研发设计工具普及率将超过九成，关键生产环节的数控化率也将突破七成大关。同时，致力于实现工业领域的绿色转型，工业能耗强度与二氧化碳排放强度将持续走低，每万元工业增加值所耗水资源相比 2023 年将减少约 13%，大宗工业固体废物综合利用率超过 57%。2023 年，数字化研发设计工具普及率达到 79.6%，关键工序数控化率达到 62.2%，万元工业增加值用水量 26 立方米。

### （二）行业技术水平显著提升

火电机组、核电机组和水电机组单机容量均超百万千瓦，特高压输变电装备超百万伏特。C919 大型客机投入商业运营，国产首艘大型邮轮顺利下水。在关键制造领域如大型飞机、新能源汽车及高速动车组，示范工厂的研发周期显著缩短，缩减幅度接近三成，同时生产效率实现了约 30%的提升。全国范围内，数字化与智能化工厂总数已逼近 8000 家大关，其中超四分之一的工厂达到智能制造能力成熟度二级或更高标准。此外，已有 209 家工厂通过智能化升级，跻身国际智能制造先进行列，成为示范标杆。技术革新方面，欧拉服务器操作系统技术日益成熟，装机量突破 430 万套大关，其服务网络横跨 130 多个国家与地区，开源生态系统吸引超过 980 家单位携手共建。此外，在互联网基础设施建设上，IPv6 的普及取得显著成效，活跃用户数达到 7.67 亿，其在移动网络流量中的占比更是超过半数。

### （三）制造业数智化转型升级加速推进

我国已有 8000 个 5G+工业互联网项目，覆盖了全部 41 个工业大类，5G 在工业领域的应用比例超过 60%。全国范围内具有行业和区域影响力的工业互联网平台数量已超过 340 家，连接的工业设备超过 9600 万台套，5G+工业互联网项目数量超过 1 万个。截至 2023 年 8 月，通过智能化改造，示范工厂的产品研发周期平均缩短了 20.7%，生产效率平均提高了 34.8%，产品不良率平均下降了 27.4%，碳排放量平均减少了 21.2%。

# 第二节　典型企业节能减排动态

## 一、北京京仪北方仪器仪表有限公司

### （一）公司概况

北京京仪北方仪器仪表有限公司始建于 1977 年，原名北京第三电表厂，是北京市国资委下属的国有企业，隶属于北控集团。该公司主要从事智能计量仪表和能源数字化产品及系统的研发、生产、销售、服务，是国家级高新技术企业，国家级专精特新“小巨人”企业、国家级“绿色工厂”和北京市知识产权示范单位。目前，已通过 ISO9001 质量管理体系认证、环境管理体系认证、职业健康安全体系认证、能源管理体系认证。近年来，聚焦“双碳”背景下能源数字化需求，持续加大科研投入，自主研发生产的“非侵入式无源无线电力传感器”技术国际领先，填补了行业空白，“智能电力量感装备数字化车间”获评北京市数字化车间。以科技创新为引领，以“绿色、创新、高效、共赢”为宗旨，致力于成为国内领先的能源数字化解决方案供应商，赋能国家绿色技术创新发展，为国家“碳达峰”“碳中和”战略积极贡献力量。

### （二）主要做法与经验

（1）开展数字化和智能化改造，提升生产效率

北京京仪北方仪器仪表有限公司将智能制造理念贯穿和应用于产

品设计、生产、管理、服务全过程，数字化车间与智能工厂申报程序，投入生产数字化智能化提升专项资金，陆续对硬件设备、过程系统、数据系统、视觉系统等原有产线及生产环境进行升级改造，达到了行业先进水平。其中，“智能电能表生产线智能化改造项目”通过采用具有 PLC 技术的自动化流水线作业，配套完整的生产过程跟踪系统，可实现数据实时上传，生产全过程自动化管理。该项目的成功实施从根本上解决了生产效率低、人工电能表检定不准和生产工艺不适合现代化产品的三大问题，并大幅提升了整体生产效率，保障了企业未来发展生产需求。

（2）提高研发能力，践行“双碳”目标

通过研发生产智能电能表、电力碳耗传感器、用电管理系统、智慧能源管理系统等产品，为能耗主体监测分析能耗数据、管控碳排放提供数据支撑和解决方案，积极推动并切身践行国家降碳减排“双碳”目标，对内推行环境管理体系和能源管理体系，增强各层级环境意识，规范自身生产经营全链条过程中影响环境的活动和行为，加大生态环保和绿色制造理念宣传力度、开展绿色制造体系建设培训、升级环境治理系统、优化改造危废处理设备等系列措施，切实减少企业在生产运营过程中污染物的产生和排放，促进再生资源的可回收循环利用，实现节能减排、低碳环保。

（3）环保理念深度融入产品全生命周期管理，强化节能减碳能力。

采取多措并举策略。首先，在各部门间广泛传播环保知识，深化每位员工的绿色生产观念。其次，将环境绩效指标细化至产品制造的每一道工序，编织紧密的管理网络。并依据表现实施公正的奖惩机制，以此激励全员参与。2023 年度环保检测合计 4 次，100%达标。

## 二、浙江省正泰电器股份有限公司

### （一）公司概况

正泰集团股份有限公司始创于 1984 年，是中国低压电器行业产销量领先的企业，也是全球知名的智慧能源系统解决方案提供商。专业从事配电电器、控制电器、终端电器、电源电器和电力电子等 100 多个

系列、10000多种规格的低压电器产品的研发、生产和销售，为电网、信息与通信、发电与新能源、基础能源与流程工业、基础设施与交通运输、建筑、OEM等行业提供一站式的系统解决方案。创立40年来，正泰始终聚精会神干实业，深入践行"产业化、科技化、国际化、数字化、平台化"战略举措，形成了"绿色能源、智能电气、智慧低碳"三大板块和"正泰国际、科创孵化"两大平台，着力打造"211X"经营管理能力，即智能电气、新能源两大产业集群化能力、区域本土化能力、中后台集成化能力、科创培育生态化能力。围绕绿色能源、智能电气、智慧低碳产业等多个核心业务，公司持续赋能全产业链供应链的绿色属性，凭借领先的技术实力和行业突破，成为行业内首家同时荣获"国家级绿色工厂""绿色设计产品""绿色供应链""绿色设计产品示范企业"四个奖项的内资企业。

### （二）主要做法与经验

（1）深化数实融合，打造低碳模式

在迈向"双碳"目标的宏伟征程中，正泰集团股份有限公司紧跟国家步伐，立足自身全产业链优势，打造绿色低碳产业链发展新格局，努力构建并持续优化企业社会责任管理体系，将经济、社会和环境的三重责任融入企业战略目标。同时，公司特别成立碳达峰碳中和工作领导小组，推进智能制造与技术创新，不断探寻新产品、新业态、新模式的更多可能，不断深化数字技术与实体产业的融合，实现从生产、运营到供应链全方位向低碳模式跃迁。

（2）聚焦数智化转型，提升绿色发展能力

聚焦"智改数转+节能降碳"转型目标，正泰集团股份有限公司以"绿源、智网、降荷、新储"系统服务能力为核心，充分运用工业互联网、大数据、云计算等数字技术推动全产业链数智化转型，贯穿研发创新、智能制造、物流配送等每个环节，用更高效、更安全、更智能的系统解决方案，编织出一张绿色生态网。

（3）建设分布式光伏发电项目，建立节能减排示范效应

从战略蓝图到示范先行，正泰集团股份有限公司全面谱写绿色创新篇章。公司利用屋顶面积总计14000$m^2$，建设了装机容量为350千瓦和

450 千瓦的光伏发电项目，实现总装机容量 738 千瓦，平均年发电量 71 万千瓦时。所建成的光伏电站可持续运行 25 年，将有效减少传统发电造成的环境污染，具有典型的节能减排示范效应。锚定绿色转型目标，勇当绿色转型“排头兵”，用实际行动引领行业绿色发展潮流。

# 区 域 篇

第十章

# 2023 年东部地区工业节能减排进展

2023 年是“十四五”工业节能减排工作承上启下的一年。我国东部地区的北京、天津、河北、辽宁、上海、江苏、浙江、福建、山东、广东、海南 11 个省市在全国工业节能减排工作方面走在前面，在“双碳”目标导向下，以全面建设绿色制造体系为抓手，持续加大力度推进节能减碳改造，单位 GDP 能耗继续下降，主要污染物排放进一步减少，产业结构更加优化，工业绿色低碳转型效果进一步显现。

## 第一节　总体情况

### 一、节能情况

从整体上看，东部地区各省市工业节能工作扎实推进，能源利用效率在全国处于先进水平，且普遍在调整能源结构，加大可再生能源消费占比。落实节能监察工作，指导重点用能企业节能降碳。支撑重大节能降碳技改项目，充分发挥财政资金引领作用。工业节能工作对各省市工业行业高质量发展和提高碳效率具有较强的支撑作用。

北京市加大能源结构调整，可再生能源占比持续提高。根据《北京市 2023 年国民经济和社会发展统计公报》数据，2023 年，全市发电装机容量中，可再生能源发电装机容量占比达到 20.4%，比 2022 年提高 1.3 个百分点。太阳能、风能、生物质能等可再生能源发电量占总发电量的 10.8%。万元 GDP 用水量下降到 9.30 立方米，比 2022 年下降 3.33%。

天津市多措并举，分行业推进节能降碳落实落地。制定了冶金、建材、石化化工重点领域节能降碳技术改造总体实施方案。2021年以来，投向清洁能源、节能环保和碳减排技术领域优惠信贷资金累计超过80亿元。加快推动技改项目建设，建立技改项目台账，预计到2025年，将实施改造项目113个，总投资约156亿元。

2023年，河北省规模以上工业非化石能源发电量达到961.7亿千瓦时，比2022年增长12%。其中，风力发电量605.4亿千瓦时，增长8%。太阳能发电量232.1亿千瓦时，增长15.9%。

## 二、主要污染物排放情况

根据生态环境部公布的2023年12月和1—12月全国环境空气质量状况数据，2023年，京津冀及周边地区全年平均优良天数比例为63.1%，同比下降3.6个百分点。平均重度及以上污染天数比例为3.6%，同比上升1.4个百分点。PM2.5平均浓度为43mg/m$^3$，同比下降2.3%。臭氧年平均浓度为181μg/m$^3$，同比上升1.1%。长三角地区平均优良天数比例为83.7%，同比上升0.7个百分点。平均重度及以上污染天数比例为0.9%，同比上升0.7个百分点。PM2.5平均浓度为32μg/m$^3$，同比上升3.2%。臭氧平均浓度为158μg/m$^3$，同比下降2.5%。部分省市主要污染物排放如下：

2023年北京市污水处理率为97.3%，比2022年提高0.3个百分点。全市清运处置生活垃圾758.85万吨，日均2.08万吨。大气环境中四项主要污染物持续稳定达到国家空气质量二级标准。细颗粒物（PM2.5）年平均浓度为32μg/m$^3$，可吸入颗粒物（PM10）年平均浓度为61μg/m$^3$，二氧化氮（$NO_2$）年平均浓度为26μg/m$^3$，二氧化硫（$SO_2$）年均浓度为3μg/m$^3$。

天津市持续深入打好蓝天、碧水、净土保卫战，2023年，空气质量优良天数达到232天，占比63.6%，PM2.5平均浓度为41μg/m$^3$。已无劣V类水质断面，12条入海河流稳定消劣。

河北省PM2.5平均浓度38.6μg/m$^3$，比2022年上升2.1%。

江苏省生态环境质量明显改善。全年PM2.5平均浓度为33μg/m$^3$，空气优良天数占比为79.6%，比2022年提高0.6个百分点。

山东省全年 PM2.5 平均浓度连续三年达到“30+”水平，优于国家下达年度目标 10%以上。黄河流域、南四湖东平湖流域优良水体比例均达到 100%，五类及以下水体动态清零。

### 三、碳排放权交易

北京市作为最早的碳排放权交易试点，发布了《北京市碳排放权交易管理办法（试行）》等一系列政策。北京市将行政区域内年综合能源消费量 2000 吨标准煤（含）以上的法人单位作为碳排放单位纳入碳排放权交易管理。5000 吨（含）以上的法人单位为重点碳排放单位，其他为一般报告单位。2023 年，纳入全市碳排放权交易管理的重点碳排放单位共 882 家，一般报告单位 398 家，并进行了公示。督促各单位按时完成碳排放权交易年度工作。

上海市作为全国碳交易市场落地城市，在我国碳排放权交易市场建设采取的创新型“双城”模式中，发挥着重要作用。依托上海碳交易中心持续加强全国碳市场建设，打造具有国际影响力的碳交易中心、碳定价中心、碳金融中心。加强公共资源一网交易平台建设，逐步拓展新增业务，立足上海，更好服务全国。首批纳入全国碳排放权交易的 600 余家中央发电企业如期完成第一个履约周期配额清缴。

## 第二节　结构调整

2023 年，东部地区各省市在产业结构调整方面均有不同进展，产业结构进一步优化。在推动战略性新兴产业、高新技术产业以及新业态、新模式方面，成效显著。生产性服务业发展较快。部分重点省市产业结构调整情况如下：

根据《北京市 2023 年国民经济和社会发展统计公报》，全年第二产业增加值为 6525.6 亿元，同比增长 0.4%。产业结构继续优化，新兴动能发展较快。数字经济实现增加值 18766.7 亿元，比 2022 年增长 8.5%，占全市 GDP 比重为 42.9%，比 2022 年提高 1.3 个百分点。高新技术产业增加值为 11875.4 亿元，增长 7.1%，占全市 GDP 的比重为 27.1%。新设科技型企业 12.3 万家，数量增长 15.9%。高端或新兴领域产品生产中，风力发电机组、液晶显示模组、新能源汽车、医疗仪器设备及器械产量分别增长68.8%、39.2%、35.6%和26.7%。

根据《2023年天津市国民经济和社会发展统计公报》，全年第二产业实现增加值5982.62亿元，增长3.2%。产业结构逐步转向高端化。新兴产业活力不断释放，高技术服务业、战略性新兴服务业、科技服务业等生产性服务业营收比2022年分别增长9.8%、14.3%和13.6%。创新投资显著增长，高技术产业投资增长5.9%，工业技改投资增长11.9%。新能源汽车、城市轨道交通、服务机器人等新产品产量分别增长1.9倍、81.3%、11.8%。

根据《2023年河北省国民经济和社会发展统计公报》，全年第二产业增加值实现16435.3亿元，同比增长6.2%。新兴产业增长，部分传统产业占比下降。与2022年相比，规模以上战略性新兴产业增加值增长4.4%，高新技术产业增加值增长7.5%，高端装备产业增加值增长8.5%，先进钢铁产业增长7.7%，绿色化工产业增长7.5%，生物医药产业增长6.4%。非金属矿物制品业下降4.3%。

根据《2023年江苏省国民经济和社会发展统计公报》，全年第二产业增加值实现56909.7亿元，比上年增加6.7%。战略性新兴产业、高新技术产业产值占规模以上工业产值比重达41.3%、49.9%，比2022年分别提高0.5个百分点、1.4个百分点。规模以上战略性新兴服务业营收增长9.4%，互联网和相关服务业营收增长18%，数字经济核心产业增加值占GDP的比重达到11.4%。

根据《2023年浙江省国民经济和社会发展统计公报》，全年第二产业增加值为33953亿元，比上年增长5%。产业转型升级加快推进，2023年，“三新”（新产业、新业态、新模式）经济增加值预计占全省GDP的28.3%。数字经济核心产业增加值9867亿元，比2022年增长10.1%。新能源产业、装备制造业和战略性新兴产业增加值分别增长13.9%、9.4%和6.3%。

根据《2023年山东省国民经济和社会发展统计公报》，全年第二产业增加值为35987.9亿元，比上年增长6.5%。产业结构持续优化，新产业新业态新模式较快增长。规模以上工业中，高技术制造业增加值比2022年增长5.6%，占规模以上工业增加值的比重为9.7%。工业机器人

产量13184套，同比增长9.7%。太阳能电池（光伏电池）产量45.5万千瓦，增长5.8%。

# 第三节　技术进步

## 一、间接蒸发冷却制取冷水技术

该技术属于数据中心节能降碳技术，是应用于数据中心冷却系统的一种高效冷却技术。技术原理是以内冷式间接蒸发冷却器为核心，利用水蒸发吸热效应通过热交换制取冷水。制取过程中蒸发过程与所制取冷水无直接物理接触，无机械制冷参与，所制取冷水出水温度可低于环境空气温度2～3℃。采用外冷式、内冷式间接蒸发冷却器相结合的方式预冷进入填料塔的工作空气，可降低机组出水温度。可实现节电35%以上，节水50%以上。该技术在北京电信瀛海数据中心示范应用。项目年节电量为652万千瓦时，折合标准煤约2021.2吨，可减少二氧化碳排放5376.3吨。

## 二、氢冶金炉顶气二氧化碳脱除技术

该技术应用于冶金行业工艺气体脱碳处理。利用N-甲基二乙醇胺溶液可选择性与二氧化碳形成不稳定碳酸盐的特性，对炉顶气中的低浓度二氧化碳进行低温吸收、高温解吸，进入下道二氧化碳精制单元，得到工业级与食品级二氧化碳产品，最终实现炉顶气脱碳循环与二氧化碳回收利用。该技术的一个重要特点是二氧化碳脱除工艺与直接还原工序相结合，脱碳后气体中二氧化碳含量小于等于1%。该技术由河钢集团提供，在张宣科技氢冶金公司进行了应用示范。

## 三、发动机再制造缸体加工技术

该技术入选《国家工业资源综合利用先进适用工艺技术设备目录（2023年版）》，根据有关介绍，该技术可应用于发动机缸体再制造。开发利用自动化加工程序，解决传统发动机再制造工艺分次定位导致的产品精度、生产效率和一致性等问题。技术核心是缸体再制造加工专用程序并集成自动化探针扫描技术，在缸体一次装夹定位后，可完成对缸孔、密封面、主轴承孔、凸轮轴孔、挺柱孔、上平面、水孔、螺孔、端面等磨损失效部位的逐个自动化加工。该技术总功率为 25～45kW，操作方便，节约用工成本。该技术在潍柴动力再制造公司、卡特彼勒再制造、康明斯再制造等多家企业得到应用。

### 四、钢铁转炉短流程协同资源化利用铁质废包装桶技术

该技术属于固废协同利用技术。适用于钢铁转炉短流程协同资源化利用铁质废包装桶场景。技术原理是将沾有废矿物油、油漆等的危险废物铁质包装桶进行清理压块，并利用其中的废铁作为炼钢原料。处理过程中产生的废油、油漆等回收后交由第三方资质单位处理处置。建立了一套钢铁转炉短流程协同资源化利用铁质废包装桶的危废处置工艺，形成自动化清残压块、危废储存及处置、压块转炉资源化利用的技术方法。每天可处理约 15 吨废铁质包装桶。该技术在浙江省环保集团北仑尚科环保科技有限公司、宁波钢铁有限公司等进行了应用。

## 第四节　重点用能企业节能减排管理

### 一、唐山冀东启新水泥有限责任公司

唐山冀东启新水泥有限责任公司是金隅集团旗下的一家分公司，为国有企业。唐山冀东启新水泥有限责任公司成立于 2009 年，位于唐山古冶区卑家店乡，经营范围包括水泥生产、矿产资源开采、城市生活垃圾协同处置等业务。近年来，企业将绿色低碳发展作为新的经济增长点，践行绿色发展理念，推动传统产业高质量发展，取得了显著成效。

1. 高质量建设绿色矿山

唐山冀东启新水泥有限责任公司是唐山市第一个“退二进三”整体完成搬迁的项目。搬迁后，矿山提高修复标准，改变传统的土地复垦和生态修复做法，按照矿山公园的标准进行建设，投资近 2 亿元建成公园式绿色矿山。矿山地质环境与地貌景观得到有效治理和提升，成为当地居民爬山健身的场地。

2. 全面推进节能降碳技术改造

企业围绕稳步达峰、有序降碳和深度脱碳的发展战略，实施源头控碳、工艺降碳、用能去碳、技术减碳、末端脱碳“五碳工程”。特别重视技术改造在推进节能降碳和绿色发展过程中的作用。公司在烧成系统、煤立磨系统、生料磨系统、水泥磨系统、智能化系统五大方面投资4000万元，完成系统改造3项，实现年度节能3000吨标准煤，年度降碳1万余吨。

3. 协同处置生活垃圾

企业建有固废处置中心，协同处置城市生活垃圾。实施了水泥窑协同处置综合固废及余热发电循环产业项目，并牵头完成“零外购电”成套技术研发与应用示范项目，该技术属于全国建材行业第二批重大科技攻关“揭榜挂帅”项目，通过9兆瓦余热发电、8兆瓦垃圾发电以及30兆瓦光伏发电、33.36兆瓦风力发电多能耦合，可实现工厂“零外购电”。

## 二、河北荣信钢铁有限公司

河北荣信钢铁有限公司（以下简称“荣信钢铁”）成立于2002年，位于河北省迁安经济开发区，隶属于河北鑫达集团钢铁事业部。公司已发展为集烧结、炼铁、炼钢为一体的大型钢铁联合企业，技术工艺达到国内钢铁企业先进水平。公司产品丰富，具有年产400万吨钢的生产能力。荣信钢铁将绿色发展作为企业重要的发展战略，从管理、技术等方面开展节能减排工作，成功入选国家级绿色工厂。

1. 多体系认证推进系统管理节能

荣信钢铁重视管理节能减排。通过质量、环境、职业健康和安全、能源、测量等多个基础管理体系第三方认证证书，并聘请专业技术人员指导企业通过提高系统管理水平，提高节能减排成效。实施6S管理、精益管理，最大限度挖掘管理节能潜力。

2. 实施节能减排技术改造

实施环保改造，减少污染物排放。竖炉、白灰生产系统各扬尘点全部配套除尘器，烧结系统配套湿法电除尘、脱硫设施，有效控制粉尘和烟气。建设封闭原料库，减少原料场扬尘及损耗。推进清洁生产，建设污水处理厂。提高资源能源利用效率。建设有 100 兆瓦高温超高压煤气发电项目及 22 兆瓦余热发电项目，高效利用高炉、转炉剩余煤气及烧结余热、炼钢剩余蒸汽。年发电量可达 9.7 亿千瓦时，经济效益可观。

3. 利用高炉冲渣低品余热为小区供暖

荣信钢铁重视社会责任履行。利用厂区内高炉冲渣水低品余热为周边供暖。除满足厂区内生活区、职工宿舍冬季供暖外，还为附近的沙河驿镇政府、沙河驿派出所、沙河驿卫生院、沙河驿中心小区、迁安市第三福利院以及管路沿线周边居民提供集中供暖服务。

第十一章

# 2023 年中部地区工业节能减排进展

## 第一节　总体情况

2023 年，山西省、河南省、安徽省、湖南省、湖北省、江西省等中部六省深入推进工业节能减排工作，以“碳达峰碳中和”目标为引领，促进工业经济高质量增长，绿色低碳技术创新不断加深，绿色制造体系逐步完善，工业绿色低碳发展水平稳步提升。

### 一、节能情况

据《山西省 2023 年国民经济和社会发展统计公报》数据，2023 年，山西省全年万元地区生产总值能耗比上年下降 2.9%。全年水电、风电、太阳能发电等非化石能源发电量 855.5 亿千瓦时，增长 18.5%。有序开展“源网荷储”一体化，年末新能源和清洁能源装机占比达到 45.8%。“十四五”前两年，山西省能耗强度累计下降 8.2%，超过序时进度 2.1 个百分点，完成了总进度目标的 54.8%，促进了全省的可持续发展。

据《2023 年河南省国民经济和社会发展统计公报》数据，2023 年，河南省发布《河南省制造业绿色低碳高质量发展三年行动计划（2023—2025 年）》，计划提出“到 2025 年，规模以上工业增加值能耗较 2020 年下降 18%，单位工业增加值用水量较 2020 年下降 10%”的目标。“十四五”以来，河南省节能降碳取得积极成效，可再生能源装机占比、发电量占比分别达到 41%和 24.5%，“十四五”前两年全省万元 GDP 能耗

强度累计降低 5.5%左右，以较低的能源消费增长支撑了经济社会高质量发展用能需要。

据《安徽省 2023 年国民经济和社会发展统计公报》数据，2023 年，安徽省节能工作扎实推进。安徽省经济和信息化厅发布安徽省工业能效提升计划（2023—2025 年）。强化对高耗能行业的能耗监管力度，特别针对钢铁、水泥、平板玻璃等能源消耗密集的关键领域，组织并实施国家层面的重大专项节能监察行动。积极开展日常节能监察，进一步提升能效和节能管理水平。2021—2023 年，安徽省新能源和节能环保产业营收规模连创新高，2021、2022 年连续突破 3000 亿元和 4000 亿元台阶，2023 年达到 6121.9 亿元、实现两年翻番。

据《湖南省 2023 年国民经济和社会发展统计公报》数据，2023 年，湖南省全社会用电量 2276.77 亿千瓦时，同比增长 1.84%。其中，第二产业用电量 1135.54 亿千瓦时，同比增长 1.09%。全省积极稳妥推进工业领域碳减排，2023 年规模以上工业单位增加值能耗比上年下降 9.2%，超额完成年度任务。

据《2023 年湖北省国民经济和社会发展统计公报》数据，2023 年，湖北省以项目为抓手，切实推进工业节能减碳，围绕节能减碳技术改造成效突出的项目、重大节能低碳技术产业化示范工程、高效节能技术装备产品研发生产等重点项目加大支持力度。

据《2023 年江西省国民经济和社会发展统计公报》数据，2023 年，江西省节能降耗成效明显。“十四五”前三年，全省规模以上工业企业的单位增加值能耗实现了显著下降，累计降幅约达 9.5%，这一成绩远超序时进度预期，达到了 20%的超额完成率。与“十三五”规划期末的能效水平相比，相当于节约了约 1700 万吨的标准煤，减少了约 4400 万吨的碳排放量。

## 二、主要污染物减排情况

据《山西省 2023 年国民经济和社会发展统计公报》数据，2023 年，山西省生态环境质量明显改善。国家下达的约束性指标任务全部完成；PM2.5 平均浓度为 37μg/m$^3$，改善幅度全国第二，创历史最低水平；地表水国考断面优良水体比例达到 93.6%；连续两年在党中央、国务院污

染防治攻坚战成效考核中评为优秀。

据《2023 年河南省国民经济和社会发展统计公报》数据，2023 年，河南省全省国家考核地表水水质监测断面中，Ⅰ～Ⅲ类水质断面占 83.0%，无劣Ⅴ类水质断面。在空气质量方面，全省城市平均享有 68.0%的优良天数，显示出空气质量总体向好。具体而言，PM2.5 的年均浓度控制在了 45.3μg/m$^3$，而 PM10 的年均浓度则为 73.8μg/m$^3$。据《安徽省 2023 年国民经济和社会发展统计公报》数据，2023 年，安徽全省 PM2.5 年均浓度为 34.8μg/m$^3$，相比上一年度实现了 0.3%的降幅。在空气质量方面，全省 16 个省辖市平均享有 82.9%的优良天数，较去年上升了 1.1 个百分点，空气质量稳步提升。其中，有 8 个城市的空气质量已经达到了国家二级标准，相比去年增加了 2 个，彰显了空气质量改善的成果。据《2023 年湖北省国民经济和社会发展统计公报》数据，2023 年，在湖北省内监测的 13 个地级及以上城市中，全年空气质量达标的城市占 23.1%，未达标的城市占 76.9%。细颗粒物（PM2.5）未达标城市年平均浓度 41μg/m$^3$，比上年下降 4.7%。

据《湖南省 2023 年国民经济和社会发展统计公报》数据，2023 年，湖南省全年达到或优于Ⅲ类标准的水质断面比例为 97.2%，比上年下降 0.2 个百分点。空气质量优良天数比例为 90.5%。

据《2023 年江西省国民经济和社会发展统计公报》数据，2023 年，江西省全省 PM2.5 平均浓度稳定在 29μg/m$^3$，在中部地区六省份中位居榜首。全省 11 个设区市连续两年来空气质量均达到国家二级标准。在水质保护方面，长江干流的 10 个监测断面已连续六年保持了Ⅱ类水质的优良状态，鄱阳湖的总磷浓度下降至 0.059mg/L，降幅达 6.3%。在饮用水安全方面，县级及以上城市的集中式饮用水水源水质达标率达到 100%。

## 三、碳排放权交易

2023 年全国碳排放权交易市场碳排放配额成交量 2.12 亿吨，成交额 144.4 亿元。截至 2023 年年底，全国碳排放权交易市场已成功整合了 2257 家发电企业参与其中，实现了约 4.4 亿吨的碳排放权累计成交量，交易总额高达约 249 亿元，为推动我国绿色低碳转型和应对气候变化挑战奠定了基础。

2024 年 1 月 5 日，在国务院召开的第 23 次常务会议上，《碳排放权交易管理暂行条例》（以下简称《条例》）获得正式批准通过，自 5 月 1 日起全面施行。该《条例》标志着中国在气候变化应对领域的法治建设取得重大突破。

## 第二节　结构调整

根据《山西省 2023 年国民经济和社会发展统计公报》，2023 年全省规模以上工业中，制造业增加值比上年增长 8.1%，工业战略性新兴产业增长 10.9%，其中，节能环保产业增长 32.9%；废弃资源综合利用业增长 65.6%，食品工业增长 14.4%。

根据《2023 年河南省国民经济和社会发展统计公报》，2023 年，全省规模以上工业领域展现出了稳健的增长态势，其工业增加值较去年实现了 5.0%的年度增长。至年末，全省的发电装机容量（未计入储能部分）达到了 13846.13 万千瓦的新高，与上年末相比增长了 15.9%。具体来看，各类发电方式的装机容量均有所变化：火电装机容量为 7401.96 万千瓦，虽保持增长但速度放缓，仅增长 1.8%；水电装机容量则实现了 21.9%的快速增长，达到 534.90 万千瓦；风电装机容量也稳中有升，达到 2177.92 万千瓦，增长率为 14.5%；尤为亮眼的是太阳能发电装机容量，以 59.9%的增速，攀升至 3731.36 万千瓦。

根据《安徽省 2023 年国民经济和社会发展统计公报》，全年规模以上工业实现了强劲的增长，其增加值较去年同期增长了 7.5%。具体而言，高新技术产业增加值实现了 11.2%的年度增长，其在规模以上工业中的贡献度进一步提升，占比 49.1%，成为推动工业增长的重要引擎。装备制造业也展现出了蓬勃的发展势头，其增加值增长了 13.3%，占规模以上工业增加值的比重达到 38.7%，显示出装备制造业在优化产业结构、提升工业竞争力方面的关键作用。战略性新兴产业产值增幅达到 12.2%，在规模以上工业总产值中占据了 42.9%的份额。

根据《湖北省 2023 年国民经济和社会发展统计公报》，湖北省年末全省规模以上工业企业达到 19240 家。全年规模以上工业增加值比 2022

年增长 5.6%。全年高技术制造业增加值比上年增长 5.7%，占规模以上工业增加值的比重达 12.8%。其中，计算机、通信和其他电子设备制造业增长 5.1%。

根据《湖南省 2023 年国民经济和社会发展统计公报》，湖南省全年规模以上工业增加值比上年增长 5.1%。其中，民营企业增加值增长 5.2%，占规模以上工业的比重为 64.4%。高技术制造业增加值增长 3.7%，占规模以上工业的比重为 13.5%。装备制造业增加值增长 8.9%，占规模以上工业的比重为 31.5%。

根据《江西省 2023 年国民经济和社会发展统计公报》，在 2023 年度，江西整体工业领域的增加值达到了 11180.7 亿元，与上一年度相比，实现了 5.3%的增长。聚焦于规模以上工业企业，增长率达到了 5.4%。从行业细分来看，全年规模以上工业领域亮点纷呈：有色金属冶炼与压延加工业的增加值以 20.0%的增速领跑，电气机械及器材制造业紧随其后，增长率为 18.5%；化学原料和化学制品制造业实现了 13.3%的增长；黑色金属冶炼与压延加工业增长率为 17.1%；而汽车制造业的增长率为 10.1%。此外，新兴产业和技术密集型产业也展现出了强劲的发展势头。战略性新兴产业、高新技术产业以及装备制造业的增加值分别实现了 9.1%、9.1%和 10.0%的增长，它们在规模以上工业中的占比分别达到 28.1%、39.5%和 31.6%，这些数据反映了我国产业结构正逐步向高端化、智能化转型，彰显了新兴产业在推动经济增长中的重要作用。

## 第三节　技术进步

### 一、乙烯裂解炉节能技术

针对乙烯裂解炉的核心构成——辐射段、对流段以及裂解气余热回收系统，实施一系列高效技术优化措施。具体而言，引入强化传热技术的新型高效炉管，以提升热量传递效率，减少燃料气的消耗量。通过裂解炉余热回收系统的升级，将裂解过程中产生的余热进行高效回收再利用，进一步降低排烟温度，减少能源浪费。采用裂解炉耦合传热技术，通过优化炉内各部分的热交换过程，实现热量的更均衡分配与利用，显著提高裂解炉的热效率。这些技术改进不仅降低了运行成本，还延长了裂解炉的清焦周期，减少了维护频率和停机时间，提升了装置的稳定性和可靠性，促进了乙烯生产流程的能效提升和经济效益的增强。技术功能特性：一是实现燃料气消耗量减少 1%～2%，二氧化碳排放量减少 1%～2%；二是降低辐射炉管壁温度 20℃左右，减少裂解炉辐射炉管的蠕变和渗碳；三是提高产汽率 20%左右，有效降低装置能耗。

该技术适用于石化化工行业乙烯裂解炉节能技术改造。

## 二、太阳能等可再生能源高效利用技术

采用 30 微米柔性不锈钢箔基底，分别利用卷对卷磁控溅射、三步共蒸发、化学水浴沉积等镀膜技术和超薄柔性封装技术制备柔性衬底铜铟镓硒薄膜电池组件，制程工艺稳定可靠。柔性铜铟镓硒太阳能电池作为发电建材，可与建筑物立面、顶面及光伏景观灯一体化结合，将太阳光转化为厂区用电能。

技术功能特性：一是可与建材及基础设施、智能传感器整合，一体化成型，适应范围广；二是通过城市家居分布式网络化布置，实现分布式发电、分布式储能；三是适合城市多尘多湿环境，高效稳定，寿命长。

该技术适用于可再生能源领域一体化发电节能技术改造。

## 三、压缩空气系统节能技术

通过安装智能电表、智能气表采集用户用气规律和相关数据，建立数据库，构建物联网，根据数据分析自适应匹配空压机和后处理设备最佳工况，实时动态调整系统运行效率，可有效降低空压机系统能耗。

技术功能特性：一是可对空压站系统供需精确匹配，用气变化后可实现再次匹配；二是通过智慧管理平台对空压站实行精细化管理，大数据在线实时分析并进行智能管控。

该技术适用于空气压缩机控制系统节能技术改造。在建华建材（湖北）有限公司实施了改造项目。改造完成后，节能效率为 21%，可节约电量 110 万千瓦时/年，折合节约标准煤 341 吨/年，减排 $CO_2$ 945.4 吨/年。

# 第四节　重点用能企业节能减排管理

## 一、鞍钢集团

鞍钢集团是世界 500 强企业，生产基地遍及中国东北、西南、东南、华南等地，具备 5300 万吨铁、6300 万吨钢、4 万吨钒制品和 50 万吨钛产品生产能力，是中国最具资源优势的钢铁企业，年产铁精矿 5000 万吨，是世界最大的产钒企业，中国最大的钛原料生产基地。鞍钢集团工业服务事业涵盖工程技术、化学科技、节能环保、信息技术、金融贸易和现代服务业等领域。

### （一）争创标杆引领示范

争创标杆发挥示范引领作用。在钢铁协会组织的“全国重点大型耗能钢铁生产设备节能降耗对标竞赛”中，鞍钢高炉、转炉多次获得“优胜炉”和“创先炉”；在工业和信息化部组织的“绿色工厂、绿色产品设计”中，鞍钢多家企业先后荣获国家和省级绿色工厂称号，本钢板材汽车用热轧高强度钢被评为国家绿色设计产品；鞍钢 16 座矿山被授予国家绿色矿山称号，西昌钢钒荣获“中国钢铁工业清洁生产环境友好企业”，多家企业获“绿色发展标杆企业”和省级节水标杆企业。

### （二）实施极致能效工程

实施重点节能降碳项目。在本钢板材建成 180 兆瓦级燃气蒸汽联合循环（简称 CCPP）发电机组，发电热效率提高约 13%，年增发电量 8.1 亿千瓦时；在攀钢建成攀西区域最大的超高温亚临界 100 兆瓦发电机组，发电效率提高约 23%，年增供电量 3.2 亿千瓦时；完成了鞍山钢铁新 2#高炉干法除尘、中厚板线 2#加热炉节能和攀钢 30 兆瓦余热余能利用发电机组、提钒转炉煤气回收等一系列节能改造。

实施智慧能源集控项目。陆续推进各生产基地能源集控项目的实施，鞍山钢铁本部建成了集合 5G、虚拟云、大数据分析、智能分屏和无人机巡检等先进技术的数字化能源管理系统和智能化能源专家系统，

实现了能源系统实时数据分析、用量预警、预测调配，有效提升了能源利用效率和人力资源效率。

开发清洁能源项目。利用矿山排土场、尾矿库等土地空间资源推动光伏发电项目，鞍钢矿业黑牛庄 18 兆瓦光伏发电项目成功并网发电，预计每年可发电约 1500 万千瓦时。

### （三）实施环保项目

推进超低排放改造。按照既定目标计划积极推动项目有序实施，已完成改造项目 340 多项，投入资金 110 多亿元。

推进废水减量化。坚定主厂区生产废水近“零”排放目标，制定废水减量化实施方案，通过源头控制、分类治理、末端回用等综合举措减少废水排放，实现主厂区非汛期废水零排放。

攻克固废处置难关。组织开展废油泥、废活性炭、废催化剂、废油桶等内部处置研究，并进行工业化应用，拓展脱硫灰、钛石膏、硫酸钠等消纳利用渠道，实现大宗固废减量化、资源化。

## 二、中国石化青岛炼油化工有限责任公司

中国石化青岛炼油化工有限责任公司（以下简称“青岛炼化公司”）成立于 2004 年，是国内特大型石油化工联合企业。多年来，青岛炼化公司持续推进技术进步和精益管理，炼油综合竞争力达到亚太领先水平。自 2008 年投产以来，青岛炼化公司累计加工原油 1.6 亿吨，实现产值 7000 多亿元。公司 11 年蝉联中国石油和化学工业联合会发布的“能效领跑者标杆企业”榜首，连续 3 年获评中国石油和化学工业联合会发布的“水效领跑者标杆企业”，连续 7 年被国务院国资委评为“能效最优企业”，4 次获评工业和信息化部“重点用能行业能效领跑者”。

### （一）完善节能低碳体系建设

青岛炼化公司高度重视节能低碳体系建设工作，2014 年成立碳资产管理领导小组、2021 年成立碳达峰碳中和领导小组，公司董事长作为第一负责人推进碳达峰碳中和工作。青岛炼化公司针对碳排放管理建立了一系列制度和程序文件，每年组织开展节能降碳管理评审，全面分

析总结前一年的管理状况，制定年度目标、绩效参数和管理实施方案；按月动态跟踪执行情况，及时发现问题并制定相应的改进措施；利用信息系统，实时监控和动态优化蒸汽、氮气、水、燃料、氢气等能源系统的运行；制定工艺指标优化控制值，提高装置平稳、高效运行水平。借助公司内外审核和专业检查，强化检查与考核力度，不断挖掘节能降碳潜力。

### （二）持续提升能源利用效率

近些年，青岛炼化公司累计投入节能改造费用 2.5 亿元，先后实施了减压塔顶机械抽真空、循环水整体节能优化、高温管线保温节能改造、重整四合一炉节能改造、催化烟机叶片改造、重整装置进料换热器改造等 100 多项节能技改项目，能源利用效率提升了 25%以上，每年节能约 5.4 万吨标准煤。

青岛炼化公司实行多项举措，提高水资源利用率。将高含盐污水回用到动力中心烟气脱硫和焦化装置除焦池中，每小时节约新鲜水 40 吨；使用市政中水替代部分新鲜水，替代率超过 50%，化学水站周期制水量增加 15 倍，酸碱消耗减少 93%，外排污水减少 90%；加强地管查漏工作，工业水漏损每小时减少 40 吨；通过污水监控池回收利用雨水，年回收超过 10 万吨。

青岛炼化公司大力开展区域优化，装置间直供料率提高至 84%以上；通过蒸汽系统管网提中压、降低压，降低发电机组的蒸汽消耗，优化蒸汽系统平衡，实现蒸汽的外供创效；通过采取调整吸收稳定操作、用含氢尾气替代天然气作为制氢原料等多项措施，对瓦斯和氢气系统进行大优化。

第十二章

# 2023 年西部地区工业节能减排进展

## 第一节　总体情况

我国西部地区包括 12 个省、市及自治区，具体包括西南地区的五个省份及自治区（涵盖了四川、云南、广西、贵州和西藏），西北地区的五个省份及自治区（涉及陕西、甘肃、青海、新疆以及宁夏），此外还有位于北方的内蒙古和南方的广西两个自治区。2019 年 5 月中共中央、国务院印发《关于新时代推进西部大开发形成新格局的指导意见》，经过 5 年的贯彻落实，使得西部地区的生态环境得到了显著改善与恢复，其高质量发展水平显著提高，对外开放的经济结构加速形成，基础设施建设状况也实现了大幅度的优化。如今，在我国的西部地区，成功构建了九大国家级的新兴产业集群，这些集群聚焦于战略性新兴产业，涵盖新材料、生物医药、电子信息以及航空等领域，同时还培育了五个国家级的高科技制造业集群。西部地区工业发展迅速，工业增加值由 2019 年的 5.8 万亿元增长到 2023 年的 8.1 万亿元。2023 年西部地区规模以上工业增加值增长 6.1%，其中，内蒙古、新疆、宁夏、甘肃规模以上工业增加值增速分别超全国水平约 2.8、1.8、7.8、3.0 个百分点。然而，少数地区存在监管不力、执法监管缺失的问题，污染物排放超标，存在严重环境污染风险；大部分西部省份的节能进展慢于预期，部分地区能耗强度不降反升，未来节能减排工作有待进一步加速推进。

## 一、节能情况

从整体上看，西部地区工业生产稳步增长，制造业发展水平不断提升。随着西部大开发战略深入推进，西部地区工业生产稳进提质，但仍存在能耗降低速度低于预期的问题。根据《〈中华人民共和国国民经济和社会发展第十四个五年规划和 2035 年远景目标纲要〉实施中期评估报告》，我国现阶段每单位国内生产总值对应的能源消耗和二氧化碳排放量下降的速度未达到预先设定的目标，这要求我们继续深化能源消耗和碳排放强度的管理政策。我们必须果断阻止那些能耗高、排放量大、技术含量低的项目无序发展，同时严格且合理地限制煤炭的总消费量，积极推进关键领域的节能减排技术改造。2023 年 9 月，国家发展和改革委员会同环境资源司针对“十四五”期间节能目标进展缓慢的问题，对包括陕西、甘肃、青海在内的多个西部省份的发展改革部门进行了约谈。约谈中指出，在“十四五”规划的前两个年度，陕西省、甘肃省以及青海省的能源消耗速度加快，而能源利用效率提升不明显。即便在扣除原材料能源使用及可再生能源消费之后，这些地区的能源消耗强度降低速度仍然未能跟上“十四五”规划目标的步伐，有的地方甚至出现了上升的趋势。这些地方的节能审查工作执行不力，对于高耗能、高排放以及低效能的项目管理不够严格，节能形势面临极为严峻的挑战。由于西北地区富含煤炭、石油、天然气等矿产能源，因此西北地区的产业结构中，传统能源占比较高，能源结构有待优化。

四川省作为西部工业大省，其产业架构以电子信息、机械装备、新型材料、能源与化工、食品及轻纺、生物医药六大领域为核心，构筑起了支撑四川工业经济发展的“主心骨”——四川现代产业体系的“四梁八柱”。首先，2023 年，四川省大力发展以晶硅光伏、动力电池、氢能等为代表的绿色低碳优势产业。全省规模以上工业绿色低碳优势产业增加值同比增长 11.9%，其中晶硅光伏产业、动力电池产业、新能源汽车产业分别增长 36.2%、16.9%、10.0%。其次，建成投运绿色低碳外贸综合服务平台，2023 年，在电动乘用车、锂电池材料以及光伏电池等新兴外贸领域实现了显著增长，进出口额分别提升了 77.6%、44.5%及 22.2%。此外，大力提升能源清洁高效利用水平，累计创建绿色工厂 596

家、绿色工业园区67家，遴选15家园区、30家工厂持续推动低碳化、循环化改造，加快推动全生命周期绿色低碳转型。2023年1—11月，四川省综合能源消费量（万吨标准煤）为9226.96万吨，同比增长2.1%。

2023年，甘肃省全省围绕“强龙头、补链条、聚集群”，推动传统产业向高端转型，成功构建了石油化工、冶金及有色金属、新型材料、机械设备制造等七大千亿规模产业群，以及13个百亿规模产业群。2023全年，甘肃全省规模以上工业能源消费量5633.1万吨标准煤，同比增长4.0%。六大高耗能行业能源消费量为5098.2万吨标准煤，增长4.5%。首先，新能源电池产业集群加快形成，1—9月新能源及新能源电池产业链实现产值178亿元，同比增长54.6%；其次，新能源产业快速发展，酒泉经济技术开发区已晋升为我国境内最大的陆地风电设备生产基地。同时，兰州新区迎来了众多新能源及新材料领域的领军企业，推动我国西部形成了百万吨规模级的“新能源电池材料之谷”，其发展势头日益强劲。另外，甘肃省作为国家重要的综合能源基地，在保障国家能源安全方面发挥着不可替代的重要作用。甘肃省加快存量煤电机组“三改联动”，累计完成节能改造机组16台、总容量52.7万千瓦，改造后机组供电煤耗平均降低3克/千瓦时。放大绿电优势，成功获批建设国家新能源综合开发利用示范区，2023年新能源发电装机、发电量占比分别达61.3%和32.7%，均居全国第2位；新能源消纳量可扣减能耗量2482万吨标准煤，拓宽能耗空间约500万吨标准煤；累计推广购买绿证1.63万张，企业消费绿电积极性显著提高。

内蒙古自治区率先拟定了一系列实施计划，推出了《能耗双控向碳排放双控转变先行先试工作方案》以及《能耗双控向碳排放双控转变先行先试2024年工作要点》。该计划着重在优化能源消耗总量与强度管理、加强碳排放数据统计与核算基础、构建碳排放双控的关键制度框架、完善碳排放双控的相关配套政策，以及推进关键领域行动与示范项目等五个核心领域，进行前沿性试验与探索，综合运用标准、市场、科技、法治等手段。其次，内蒙古自治区秉持双管齐下的策略，既要确保新能源的稳定上网与消纳，又要推动市场化的离网消纳进程。通过实施一系列措施，旨在提高新能源在能源消费中的占比，加速能源结构的绿色低碳变革。实施包括火力发电灵活性升级、煤炭自备电厂的新能源替代、

能源网络负荷储存整合、风光发电制氢整合、工业园区绿色供电以及全额自产自用等六种新能源市场消纳新方式，已累计开展新能源市场化消纳工程，总容量达到 4900 万千瓦。2024 年度，全区可再生能源电力消纳量预计将突破 1250 亿千瓦时大关，相较于 2020 年，其在社会总用电量中的占比预计将增长 5 个百分点以上。展望 2025 年，内蒙古自治区可再生能源电力消纳目标预计将达到 2000 亿千瓦时，同时，用能领域将扩大，相当于节约约 3500 万吨标准煤的能源消耗。此外，内蒙古自治区积极调整产业结构，针对钢铁、焦炭、铁合金及电石等行业的过剩产能进行有序调整，逐步实现限制级别以及更低效能的生产线淘汰与退出，全面清理取缔虚拟货币“挖矿”项目。推进重点领域节能改造升级，积极推进煤电节能降碳改造、灵活性改造、供热改造“三改联动”，自“十四五”规划启动至今，已推进超过 300 项工业节能升级工程，初步估算，这些项目有望实现约 3000 万吨标准煤的节能效果。

## 二、污染防治情况

2023 年，四川省有力有序整改重点环境问题，污染防治工作取得明显成效。四川省紧盯中央环保督察、国家长江黄河警示片曝光问题，224 项央督整改任务完成 213 项，国家移交的 84 个长江黄河生态环境问题整改完成 68 个。组织开展“绿盾”行动和卫星遥感问题整改，1089 个国家移交的疑似重点生态破坏问题线索全部完成核实整改。水环境方面，水环境质量实现历史性突破。全省的国考断面 203 个、省考断面 142 个以及水功能区 285 个，均首次达到百分之百的达标率，这一成就史无前例。在此之中，国考断面的水质优良比例领跑全国，达到历史新高点。攀枝花市水质排名居全国第 16 位，11 个市（州）水质排名进入全国前 100。空气质量方面，空气质量综合排名晋级升位。成都市、资阳市分别前进 24 个、19 个名次。达州市进入达标城市行列。成都大运会期间参与联防联控的 15 个重点城市优良天数率、细颗粒物浓度和在全国排名均创历史最优。土壤环境方面，更新土壤污染风险源清单，划定风险区域 3568 个，形成全省土壤污染风险“一张图”。全省受污染耕地安全利用率提升至 94%。

2023 年，甘肃省在空气质量和水质量提升方面成效突出。全省空

气质量优良天数比率为96.2%，优于全国平均水平9.4个百分点，74个地表水国控断面水质优良比例为95.9%，高出全国平均水平6.5个百分点，全省受污染耕地和重点建设用地安全利用得到有效保障，农村生活污水治理率达到 26.54%。然而，部分地区还存在违规排放、项目未批先建等问题。2023年12月，甘肃省兰州新区遭到了中央第四生态环境保护督察组的检查，其间，揭露了一系列严重的生态环境违法乱纪现象。具体包括未经批准擅自启动的化工项目、化工产业园区的污染治理及环境应急设施建设存在严重疏漏、监管执法不力，以及相伴而来的重大环境污染与安全隐患。2018年1月至2023年11月，兰州新区内的化工产业园区共有259项新建、改建及扩建项目，其中122个项目在不同程度上出现了未经审批擅自开工的问题；2023年的8至11月期间，以地表水环境质量Ⅲ类为参照标准，水阜河多项常见污染物如总磷、化学需氧量以及氨氮浓度均超出规定限值。具体来看，总磷的日平均浓度在32天内超出标准，最大超标幅度达到10.6倍；而在同年5—9月，检测出二氯甲烷、三氯甲烷及四氯乙烯等物质浓度同样存在超标现象。

2023年度，内蒙古地区针对企业转型升级与治理工作，成功对23家重点行业企业进行了挥发性有机物的整治，同时对9家钢铁及焦化企业实施了超低排放的改造工程；此外，该地区推行了重点行业企业绩效的分级管理制度，并构建了包含9630家企业信息的“一企一档”应急减排资料库。在加强水污染治理方面，全方位推进了污染源的检查与整改工作，成功对97个关键河湖的入河排放口进行了详细排查；全区范围内13个经过处理的黑臭水体未出现反弹现象；同时，对17个集中式饮用水源保护区进行了优化调整，并在黄河流域完成了166个乡镇级别饮用水源保护区的划界工作，从而更加有力地保障了城乡居民的饮水安全。至2023年年末，内蒙古境内的黄河主干道水体品质已连续四年稳定在第二类别，其支流的国家级监测断面首次实现了全面改善，流域中水质良好的水体占比达到77.1%，较上一年度提升了2.8个百分点。而在地表水的国家级监测断面中，水质良好的占比为76.9%，而劣质Ⅴ类水体的比例降至 2.5%，这两项指标均优于国家设定的考核目标。在土壤污染防治上，确保了98%以上的受污染农田安全使用率，同时针对关键建设用地的安全使用提供了强有力的保护措施；制订并实施了针对家

畜养殖污染的防治计划，并编撰了本地区大型奶牛养殖场粪便资源化利用的技术规范；全区农村及牧区的污水处理率已达到 34%，这一成就比“十四五”规划中的治理目标提前完成。在大气污染防治方面，2023 年的前 11 个月里，全区 PM2.5 的平均浓度为 22μg/m$^3$，同时重污染日的占比为 0.05%，这两项指标均优于国家设定的考核标准，其中 PM2.5 浓度低了 4μg/m$^3$，重污染天数比例减少了 0.65%；在“十四五”规划期间，四大主要污染物——氮氧化物、有机挥发物、化学耗氧量以及氨氮的累积减排量已分别实现 4.77 万吨、1.11 万吨、1.96 万吨和 0.19 万吨。这些数据表明，相较于年度减排目标，完成的比例分别高达 192.0%、114.7%、158.4%以及 222.6%。另外，关于生态环境的修复工作，“一湖两海”计划与察汗淖尔的环境整治工作进一步深化，呼伦湖、岱海以及察汗淖尔的自然环境呈现稳定并向好的趋势，乌梁素海中心区域的水质持续维持在第四类标准。乌海及其邻近区域的环境整治工作更为稳固，该区域细颗粒物 PM2.5 和可吸入颗粒物 PM10 的浓度分别降低了 13.8%和 11.4%，同时有四大类空气污染物浓度均有所减少。

## 第二节　结构调整

依据最新发布的《2023 年四川省国民经济和社会发展统计公报》，经过地区生产总值核算初步数据显示，2023 年四川省实现的生产总值（GDP）达到了 60132.9 亿元。若以可比价格进行对比分析，相较于前一年度，该数值实现了 6.0%的增长率。依据产业划分，第一产业增加值 6056.6 亿元，涨幅为 4.0%；第二产业增加值 21306.7 亿元，增幅为 5.0%；而第二产业增加值高达 32769.5 亿元，增长率达到 7.1%。在推动经济增长方面，三大产业的贡献度依次为 7.6%、29.9%及 62.5%。三次产业结构由上年的 10.5∶36.4∶53.1 调整为 10.1∶35.4∶54.5。人均地区生产总值 71835 元，增长 6.0%。

根据《2023 年甘肃省国民经济和社会发展统计公报》，全省年度经济总量达到 11863.8 亿元，同比实现了 6.4%的增长率。具体来看，第一产业增加值为 1641.3 亿元，同比增长 5.9%；第二产业增加值为 4080.8 亿元，同比增长 6.5%；第三产业增加值为 6141.8 亿元，增长率达到 6.4%。

第一产业增加值占地区生产总值比重为13.8%，第二产业增加值比重为34.4%，第三产业增加值比重为51.8%。

根据《2023年内蒙古国民经济和社会发展统计公报》初步核算，年度地区经济总量实现24627亿元，较上一年度增长7.3%。从细分产业来看，第一产业增加值为2737亿元，较去年提高5.5%；第二产业增加值为11704亿元，增速为8.1%；第三产业增加值为10186亿元，同比增长7.0%。第一、二、三产业对地区生产总值增长的贡献率分别为8.7%、45.7%和45.6%。人均地区生产总值达到102677元，比上年增长7.4%。

## 第三节　技术进步

### 一、烧结烟气氨法脱硫+SCR脱硝技术

自2019年起，随着钢铁产业实施超低排放改革政策，对所有烧结机头的烟气处理提出了新的标准，必须配备脱硫及脱硝系统。按照新规定，排放的污染物浓度需控制在以下标准以内：粉尘含量不得超过$10mg/m^3$，二氧化硫含量需控制在$35mg/m^3$以下，氮氧化物的排放浓度也需限制在$50mg/m^3$以下。在氨法脱硫工艺的基础上，广西柳州钢铁集团融合了先进的脱硝工艺和烟气深度净化技术，针对$110m^2$烧结机排放的烟气实施了首套技术方案，而其余烧结机则采纳了另一套技术方案。本次改造工程分为两个阶段实施：第一阶段是对氨法脱硫系统进行升级，包括对喷淋吸收塔、除雾系统等关键部分进行优化，引入了高效的旋流雾化喷淋以及高效凝并降温除尘技术等前沿技术，旨在提升脱硫效率并降低氨的逃逸率；第二阶段则致力于构建中高温的SCR脱硝系统。通过引入先进的脱硝技术，成功实现了对烧结烟气的深度净化，满足了超低排放的标准。在项目完成之后，烧结烟气的污染物排放浓度显著下降，有效降低了污染物的年排放量，具体减排量为氮氧化物大约1060吨、二氧化硫大约275吨以及颗粒物大约130吨。

### 二、双侧吹炼熔池熔炼炉+多枪顶吹连续吹炼炉技术

在常规的金属提炼方法中，PS 转换炉工艺常常带来如烟气、尘埃以及废热的不规则排放，这些是造成近地面环境污染的主要问题。针对此问题，赤峰云铜公司研究并推出了一种创新的冶炼技术，即“双侧吹炼的熔池熔炼炉配合多枪顶吹的连续吹炼炉”的粗铜连续提炼流程。该技术已被成功融合进公司搬迁及扩建改造项目的铜提炼工艺之中，有效遏制了在提炼铜的吹炼阶段硫含量烟气的无序排放及收集难题，进而推动了生产过程中能耗降低、成本减少以及清洁生产水平的整体提升。通过巧妙地将一种创新的双侧吹炼熔池熔炼炉与一种多枪顶吹连续吹炼炉经溜槽相接，实现了连贯作业流程，从而能够炼制出纯度大约为 99% 的粗铜。此技术已荣获国家级专利认证，并且在能源消耗上，仅相当于国家规定的铜冶炼综合能耗标准的 1/3。目前，该专利技术已成功实现工艺输出，国内外共有 6 家铜冶炼企业引进并运用这一专利技术进行生产，其中包括刚果（金）卢阿拉巴省以及我国广西、辽宁等地企业。

## 第四节　重点用能企业节能减排管理

西部地区共有 26 家企业被国家发展改革委列入《“百家”重点用能单位名单》中，遍布内蒙古、广西、四川、陕西、甘肃、宁夏、新疆等省市自治区，主要涉及发电、钢铁、有色、冶金、煤炭等行业。

### 一、内蒙古大唐国际托克托发电有限责任公司

中国大唐国际托克托发电厂是目前世界上最大的燃煤电厂，装机容量达 6720 兆瓦，作为保障北京区域电力安全的核心发电站之一，它被列为国家级关键建设项目。此外，该工程还承担着国家“西部大开发”战略及“西电东送”项目的关键任务。

#### （一）建设风光火热储多能互补综合能源示范基地

2023 年 12 月大唐蒙西托克托 200 万千瓦新能源外送项目首批机组正式并网发电，标志着国内最大风光火热储多能互补综合能源示范基地

建设取得重大进展。大唐蒙西托克托200万千瓦风光项目是国家第一批大型风电光伏基地项目，包含170万千瓦风力发电和30万千瓦光伏发电。项目发出的绿电汇集到大唐托克托发电公司，利用既有四回500千伏线路平稳送至北京，不仅实现了新能源项目送出线路投资零新增，还有效提高了输电通道利用率。

项目积极发挥火电机组对新能源的支撑作用，依托大唐托克托发电公司煤电机组深度调峰能力，在源头实现风光火优势互补发电，进一步提升了绿电送出的稳定性，将成为蒙电进京、绿电进京新标杆。

在所有工程完成并全面运行后，该项目的年发电量将高达410亿千瓦时以上，能够节省标准煤料逾143万吨，同时降低二氧化碳的排放量超过350万吨。

### （二）开发牧光互补新发展模式

建立牧光互补新发展模式，不仅实现了光伏新能源产业绿色低碳发展，又推进了生态畜牧业转型升级。“光伏电站的建设，在一定程度上可以帮助当地恢复生态环境，光伏板的铺设不仅减小了风对植被的影响，与此同时，清洗面板的水会下渗到草地里，加上光伏本身的遮蔽性，水分蒸发量下降，空气湿度增加，随着草地含水量大增，遏制了草场荒漠化的扩大，实现了草原资源的可持续利用。”和林新能源公司副总经理赵瑞平介绍说。该牧光互补项目可以放牧10万只散养羊，也会给当地的畜牧业增加可观的收入，为乡村振兴带来新动能。

## 二、广西柳州钢铁集团

广西柳州钢铁集团（以下简称“柳钢”）是全球50强钢铁企业、中国500强企业、中国特大型钢铁联合企业，2022年工业总产值为1311亿元。柳钢被评为自治区“2022年度环境社会责任企业”“清洁生产企业”，先后获得“中国节能减排二十佳企业”“节能减排先锋企业”“绿色发展标杆企业”“广西壮族自治区绿色制造示范企业”等荣誉称号。柳钢股份入选国家第五批绿色工厂。

### （一）超低排放改造

柳钢对于柳钢1号360m$^2$烧结机进行了超低排放改造，在实现整体外排烟气指标达到国家超低排放标准基础之上，还让烟气“消白”，把看得见的水蒸气也进行了处理。柳钢对于落后工艺进行淘汰，实施烧结、焦化环保设施升级改造；动力厂引进脱硫脱硝除尘治理技术，对锅炉烟气进行高效综合治理……数据显示，柳钢二氧化硫、氮氧化物、颗粒物排放总量逐年下降，2022年与2019年同期相比，颗粒物、二氧化硫、氮氧化物排放量分别减少32.56%、6.48%、13.42%。

### （二）工业三废循环利用

在废水利用方面，柳钢利用先进的水处理技术，投资8亿元建成近百套循环水处理设施及三座工业废水处理站，将处理水作为工业水拦截回用，当前废水是柳钢循环利用率最高的工业废物。工业循环水利用率超过98%，吨钢新水耗不断降低，目前已低至1.34吨/吨钢，远低于全国同行业平均水平3.3吨/吨钢，居同类企业先进水平。

在余热利用方面，柳钢通过集中烟道进行烟气余热二次回收利用，为客户“量身定制”余热利用方案，如蒸汽供热用于工业生产，为柳州螺蛳粉企业的材料蒸煮、包装消毒等工序提供蒸汽热量；蒸汽用于城市公共服务，集中加热生活用水运送至学校、医院、酒店等场所。

在废渣利用方面，柳钢配套完善的固体废物资源化利用生产线，实现各类冶炼废渣及除尘灰的综合利用，避免了过去炼铁高炉冶炼产生的废渣（矿渣）水渣难以回收利用，集中堆放导致占地和扬尘等问题。柳钢矿渣微粉生产线把废渣转化为矿渣微粉产品，能够制作成绿色建筑材料，已广泛运用于柳梧高速公路等重大工程。这条生产线每年能够处理超过七百万吨的各种冶炼废弃物，其产品主要包括矿渣微粉、废钢、磁选铁粉、铁颗粒、精炼铁粉以及磁选粉末等。

### （三）发布“双碳”目标规划

2023年，柳钢集团正式对外公布了《柳钢集团碳达峰、碳中和发展专项规划》。该公司将全力推行“148双碳方略”，确保碳达峰碳中和的任务融入企业生产及运营的各个环节。公司全体成员将全面参与，从多个角度着手，推动以下八大核心举措：打造一流的低碳运营管理体系、构建污染减排与碳减排相结合的治理平台、优化产业结构和工艺流程以降低碳排放、通过技术革新实现能源效率最大化、推进风光绿色电力与钢铁联合生产、促进绿色循环经济与协同减碳、革新物流流程实现低碳运输，以及依靠科技创新推动低碳发展，以此有效提升能源使用效率，迈向绿色低碳的可持续发展之路。

依照蓝图，柳钢计划到2025年奠定实现碳峰值所需的产业根基，自2030年起逐年递减碳排放，至2050年达成碳中和目标，致力于建设成为产业链上下游污染减排与碳排放协同管控的典范企业，以及能源综合利用的钢铁联合生产示范单位。

第十三章

# 2023 年东北部地区工业节能减排进展

2023 年，东北地区整体发展持续向好，经济社会发展势头强劲，黑龙江、吉林、辽宁三省生产总值实现全部增长，生产总值三省同比分别增长 2.6%、5.3%、6.3%，老工业基地数智化强势开启“新赛道”，新质生产力发展突破引领东北振兴。

## 第一节　总体情况

### 一、能源生产与消费情况

根据《2023 年辽宁省统计年鉴》，2022 年辽宁省能源生产比 2021 年增长 6.2%，能源生产弹性系数为 1.2%，电力生产比 2021 年减少 0.04%；一次能源生产量为 6187.7 万吨标准煤，其中煤炭占能源总生产量的比重为 30.6%、石油为 22.7%、天然气为 1.9%、一次电力及其他能源为 44.8%。全年能源消费量为 24707.3 万吨标准煤，比 2021 年减少 0.07%，其中煤炭消费占总能源消费量的比重为 50.8%、石油为 29.1%、天然气为 4.3%、一次电力及其他能源为 15.8%。按行业分主要能源品种消费量来看，制造业是能源消费最大的行业之一，其中消费煤炭 7328.2 万吨、焦炭 3375.4 万吨、原油 9740.92 万吨、汽油 7.34 万吨、煤油 8.1 万吨、柴油 33.8 万吨、燃料油 92.7 万吨、天然气 47.8 亿立方米、电力 1321.2 亿千瓦时。

根据《2023 年吉林省统计年鉴》，2022 年吉林省一次能源生产量为 2782.6 万吨标准煤，其中煤炭占能源总生产量的比重为 18.8%、石油为

21.9%、天然气为9.8%、一次电力及其他能源为49.5%。全年能源消费量为7027.8万吨标准煤，其中煤炭消费占总能源消费量的比重为65.3%、石油为15.2%、天然气为7.1%、一次电力及其他能源为12.4%。按行业分主要能源品种消费量来看，制造业是能源消费最大的行业之一，其中消费煤炭1373.3万吨、焦炭621.96万吨、原油947.15万吨、汽油12.94万吨、柴油7.02万吨、燃料油22.15万吨、天然气11.24亿立方米、电力276.55亿千瓦时。

根据《2023年黑龙江省统计年鉴》，2022年黑龙江省能源生产量为10766.4万吨标准煤，比2021年增长9.25%，能源生产弹性系数为3.43%。全年能源消费量为12035.0万吨标准煤，比2021年减少1.28%，能源消费弹性系数为-0.47%，其中工业能源消费量为6455.3万吨标准煤。全省单位地区生产总值能耗比去年下降3.9%。

## 二、主要污染物减排情况

根据《2023年辽宁省生态环境状况公报》，2023年辽宁省城市环境空气质量6项污染物浓度持续稳定达标，其中二氧化硫（$SO_2$）、二氧化氮（$NO_2$）、一氧化碳（CO）的浓度达到国家一级标准，细颗粒物（PM2.5）、可吸入颗粒物（PM10）、臭氧（$O_3$）的浓度达到国家二级标准。PM2.5的年均浓度为32μg/m$^3$，PM10年均浓度为58μg/m$^3$，$SO_2$年均浓度为12μg/m$^3$，$NO_2$年均浓度为26μg/m$^3$，CO日均第95百分位数浓度为1.4μg/m$^3$，$O_3$日最大8小时第90百分位数浓度为150μg/m$^3$。优良天数比例为84.3%，同比下降5.7个百分点，以细颗粒物、臭氧为首要污染物的超标天数占总超标天数的39.2%、18.9%、42.0%。2023年，全省150个地表水国家考核断面中，年均水质Ⅰ～Ⅲ类标准的断面比例为85.3%，Ⅳ类比例为14.0%，无劣Ⅴ类断面。全省56个县级以上城市集中式饮用水水源地水质整体保持良好，水质达标率为100%。

根据《2023年吉林省生态环境状况公报》，2023年吉林省城市环境空气质量6项污染物浓度均达到国家二级标准，其中细颗粒物（PM2.5）年均浓度为26.5μg/m$^3$，可吸入颗粒物（PM10）年均浓度为47μg/m$^3$，$SO_2$年均浓度为9μg/m$^3$，$NO_2$年均浓度为22μg/m$^3$，CO日均第95百分位数浓度为1.0μg/m$^3$，$O_3$日最大8小时第90百分位数浓度为133μg/m$^3$。

全省地级及以上城市优良天数比例为 92.4%（扣除沙尘异常天气影响），高于全国平均水平 5.6 个百分点，同比下降 1.0 个百分点，平均重度及以上污染天数比例为 0.6%（扣除沙尘异常天气影响），同比上升 0.2 个百分点。2023 年，在全省 109 个国家地表水考核断面中，Ⅰ～Ⅲ类水质断面有 94 个，占 86.2%，同比上升 4.4 个百分点；Ⅳ类水质断面有 133 个，占 11.9%，同比下降 2.6 个百分点；Ⅴ类水质断面有 2 个，占 1.8%，同比持平，无劣Ⅴ类水质断面，同比下降 1.8 个百分点。

根据《2023 年黑龙江省生态环境状况公报》，2023 年全省 13 个地级市及以上城市中有 11 个（84.6%）城市环境空气质量达标，哈尔滨和绥化市城市未达标，6 项污染物年均值浓度达到国家二级标准，其中 $SO_2$、$NO_2$ 和 CO 年均值达到国家一级标准。与 2022 年相比，PM2.5 年均浓度为 25μg/m$^3$，上升 4.2%；PM10 年均浓度为 41μg/m$^3$，上升 7.9%，$SO_2$ 年均浓度为 8μg/m$^3$，保持不变；$NO_2$ 年均浓度为 18μg/m$^3$，上升 12.5%；CO 日均第 95 百分位数浓度为 0.9μg/m$^3$，保持不变；$O_3$ 日最大 8 小时第 90 百分位数浓度为 107μg/m$^3$，上升 3.9%。2023 年，黑龙江省 13 个城市累计优良天数共 4415 天，其中，优为 2963 天，良为 1452 天，13 个城市的优良天数范围为 302 天（绥化市）～360 天（黑河市和大兴安岭地区）。2023 年，在全省 180 个地表水国家、省控地表水断面中，Ⅱ类水质占 11.1%，Ⅲ类水质占 58.9%，Ⅳ类水质占 26.1%，Ⅴ类水质占 2.8%，劣Ⅴ类水质占 1.1%。

## 第二节　结构调整

根据《2023 年辽宁省国民经济和社会发展统计公报》，2023 年，辽宁省全年地区生产总值为 30209.4 亿元，相比 2022 年增长 5.3%。其中，第一产业增加值 2651.0 亿元，增长 4.7%；第二产业增加值 11734.5 亿元，增长 5.0%；第三产业增加值 15823.9 亿元，增长 5.5%。第一产业增加值占地区生产总值的比重为 8.8%，第二产业增加值占比为 38.8%，第三产业增加值占比为 52.4%。全年人均地区生产总值 72107 元，比上年增长 5.9%。分经济类型看，全年规模以上国有控股企业比上年增长 3.2%；股份制企业增长 4.5%，外商及港澳台商投资企业增长 6.8%；私

营企业增长 6.5%。分门类看，全年规模以上采矿业增加值比上年增长 1.0%，制造业增长 6.3%，电力、热力、燃气及水生产和供应业下降 2.4%。分行业看，全年规模以上装备制造业增加值比上年增长 9.1%，占规模以上工业增加值的比重为 28.8%。其中，计算机、通信和其他电子设备制造业增长 22.2%，金属制品、机械和设备修理业增长 19.1%，汽车制造业增长 15.7%，仪器仪表制造业增长 9.3%，电气机械和器材制造业增长 5.2%。全年石化工业增加值比上年增长 4.9%，占规模以上工业增加值的比重为 32.4%。其中，化学原料和化学制品制造业增长 18.7%，橡胶和塑料制品业增长 6.1%，石油、煤炭及其他燃料加工业下降 3.8%。全年冶金工业增加值比上年增长 3.8%，占规模以上工业增加值的比重为 14.3%。其中，黑色金属矿采选业增长 4.4%，有色金属冶炼和压延加工业增长 4.3%，黑色金属冶炼和压延加工业增长 4.1%。全年农产品加工业增加值比上年增长 3.6%，占规模以上工业增加值的比重为 8.1%。其中，食品制造业增长 38.8%，烟草制品业增长 7.3%，农副食品加工业增长 0.9%。

按照《2023 年吉林省国民经济和社会发展统计公报》，2023 年吉林省地区生产总值为 13531.19 亿元，比上年增长 6.3%。其中，第一产业增加值 1644.75 亿元，比上年增长 5.0%；第二产业增加值 4585.03 亿元，增长 5.9%；第三产业增加值 7301.40 亿元，增长 6.9%。第一产业增加值占地区生产总值的比重为 12.2%，第二产业增加值比重为 33.9%，第三产业增加值比重为 53.9%。全年全省规模以上工业中，重点产业增加值比上年增长 8.5%，六大高耗能行业增加值增长 6.0%，高技术制造业增加值增长 2.4%，装备制造业增加值增长 12.5%。

按照《2023 年黑龙江省国民经济和社会发展统计公报》，2023 年，黑龙江省全年全省实现地区生产总值（GDP）为 15883.9 亿元，按不变价格计算，比上年增长 2.6%。从三次产业增加值来看，第一产业增加值为 3518.3 亿元，增长 2.6%；第二产业增加值为 4291.3 亿元，下降 2.3%；第三产业增加值为 8074.3 亿元，增长 5.0%。全省地区生产总值增长 2.6%；规模以上工业增加值下降 3.3%。

# 第三节　技术进步

## 一、高寒地区用动车组制动“三元陶瓷”闸片率先实现产业化

高铁制动闸片是高铁核心技术的核心部件，用于列车紧急制动和常规进站制动。当时速超过380千米的高铁紧急刹车时，制动闸片摩擦会产生超过700℃的高温，这种情况下，传统闸片会出现软化、磨损等一系列问题，影响高铁安全运行，尤其在高寒地区的风雪环境下，问题更为严重。为解决这一问题，哈尔滨新干线轨道交通科技有限公司开展长达20年的技术攻关，2024年2月，承担的黑龙江省重大科技成果转化项目“年产2万片高寒地区用动车组制动闸片生产线的开发与建设”通过了专家验收，获得15项国家发明、实用新型专利，标志着我国成为国际上首次将“三元陶瓷”技术成功应用于高铁闸片的国家，自主研制的动车组制动闸片产品达到国际先进水平，产品取得我国中铁检验认证中心CRH380B系列型号高铁闸片“产品试用证”，哈尔滨新干线轨道交通科技有限公司目前已具备量产能力，并将建成年产4万片高铁闸片生产线。

## 二、“吉林一号”卫星星座

“吉林一号”卫星星座是位于吉林的长光卫星技术股份有限公司在建的核心工程，一期工程由138颗涵盖视频、高分、宽幅、红外、多光谱等系列的高性能光学遥感卫星组成。截至2023年年底，“吉林一号”卫星工程已经通过24次发射，将该工程108颗星座组网卫星送入太空，实现了对全球任意地点每天23～25次的重访频率（约1小时/次），具备全球一年覆盖2次、全国一年覆盖6次的能力。该星座在资源监测、国土测绘、矿产资源开发、智慧城市建设、交通设施监测、农业资产评估、林业资源普查、生态环境监测、防灾减灾及应急响应等领域提供遥感数据服务。目前，依托在轨的108颗“吉林一号”卫星，吉林省拓展遥感数据、空间信息等服务，带动上下游企业“串珠成链”，一个集卫星制造、应用为一体的空天产业集群已初具规模。

## 第四节　重点用能企业节能减排管理

### 一、鞍山发蓝股份公司

鞍山发蓝股份公司是由鞍山钢铁集团有限公司、鞍钢股份有限公司和鞍山发蓝投资管理有限公司于2011年3月共同组建的合资公司，2016年5月正式在新三板挂牌上市，公司占地4.6万平方米，设计产能20万吨，主要生产发蓝、涂漆、镀锌三大系列各种强度的包装用钢带产品，产品销售区域覆盖中国铝业、中国锌业、河钢、沙钢、鞍钢、首钢等国内上百家大型企业，同时出口到美国、英国、意大利、西班牙、日本、韩国等几十个国家。2023年，企业被评为国家级绿色工厂。其绿色发展的主要措施包括：

#### （一）坚持绿色发展理念

企业将深入贯彻绿色发展理念作为提升企业核心竞争力的重要途径，通过用地集约化、原料无害化、生产清洁化、废物资源化、能源低碳化，走稳高质量发展道路。

#### （二）强调技术创新

在热处理环节，传统铅浴电阻加热工艺高污染、高能耗，热能流失大。通过自主研发中频感应加热炉，加热系统会根据生产需要自动对温度进行调节并启停，大幅减少了热能损失，提高了能源利用效率，比原始加热工艺节能50%以上。

#### （三）数字化赋能

企业把数字化、自动化作为绿色化发展的重要手段，通过创新工艺开发短流程高强度包装用钢带自动化生产线，将剖剪、发蓝、镀锌等单独车间的工序整合到一起，实现了整条产线一键启动，使得传统生产工艺需要近百人完成的生产任务，只需8名工人即可轻松实现，在全行业

处于领先水平。

### （四）强化管理体系建设

企业严格规范企业内部管理，不断完善绿色管理系统。节水方面上马工业水处理设备，将工业水处理后再利用，在减少污染的同时，节约了水资源。节能方面，办公室照明采用高效节能荧光灯具、风机水泵等均选用先进节能设备、各用电系统上装设计量表，供暖通过综合利用带钢生产线余热回收实现。

## 二、辽宁沈车铸业有限公司

辽宁沈车铸业有限公司是于 2009 年 8 月 28 日成立的合资企业。公司主要生产侧架产品、高铁支撑座产品、北美铁路货车重载轻型 Q4-110T 型、Q4-70 轻型摇枕、侧架产品、耐磨铸钢件、耐热铸钢件、耐寒铸钢件研发、生产、销售和应用技术服务。公司拥有较强的自主研发能力，在设计、制造铁路货车铸钢关键配件和耐磨、耐热、耐寒等新材料产品方面有着突出的优势，工艺装备处于国内先进水平，具备很强的铸造生产能力。公司先后通过 ISO 9001 质量管理体系的认证、ISO 14001 环境管理体系认证、GB/T 28001 职业健康安全管理体系认证、中国铁路产品检验认证中心 CRCC 认证，获得北美铁路协会 M-1003 认证，取得铁道部生产资质；先后被中国铸造协会评为中国铸造行业千家重点骨干企业、第二届中国铸造行业分行业排头兵企业，被辽宁省中小企业厅授予辽宁省创新型中小企业。2023 年，辽宁沈车铸业有限公司被评为国家级绿色工厂，主要措施如下。

### （一）坚持绿色发展理念

将绿色发展作为企业可持续发展战略的重要内容，注重履行企业环境保护的职责，积极践行环境友好及资源节约型发展。将环保管理纳入企业的管理体系，深入产品生产各个环节。通过加强宣传，提高企业全体员工的环境意识。建立从高层、中层到班组基层的目标责任制，及时通报各部门产排污情况，做到责任到位，奖惩分明。大力开展国家绿色工厂建设，积极探索节能减排新途径。

### （二）加强产品管理

遵循绿色、低碳、循环等产品设计开发理念。视产品质量为企业生命，严把产品质量关，建立产品质量管理的长效机制和全面质量管理体系，从原料控制、技术保障、生产过程控制、销售环节控制等各个环节加强质量控制与保证，为客户提供放心产品。

### （三）推动技术进步

鼓励技术革新，淘汰落后工艺，通过对管道线路、废旧设备设施、机物料材质、废旧能源等革新改良，合理化减少能源资源利用，优化改进现有的生产工序，达到节能减排、增产增效的目的。

### （四）实施绿色办公

加强智能化信息化建设，提高生产和办公效率，推行无纸化办公，改进财务制度，通过网络审批流程减少办公资源浪费的同时提高工作效率。

# 政　策　篇

第十四章

# 2023 年中国工业绿色发展政策环境

2023 年，随着经济形势日益转好，我国工业绿色低碳发展取得积极进展，产业提质增效、碳减排成果显著，绿色产品供给能力不断提升，为高质量发展提供绿色动能。

## 第一节 结构调整政策

### 一、加快建立产品碳足迹管理体系

2023 年 11 月 13 日，国家发展改革委、工业和信息化部、市场监管总局、住房城乡建设部、交通运输部联合发布《关于加快建立产品碳足迹管理体系的意见》，对建设我国产品碳足迹管理体系的指导思想和工作原则、主要目标、重点任务等方面做出安排。

指导思想强调推动建立符合国情实际的产品碳足迹管理体系，完善重点产品碳足迹核算方法规则和标准体系，建立产品碳足迹背景数据库，推进产品碳标识认证制度建设，拓展和丰富应用场景，发挥产品碳足迹管理体系对生产生活方式绿色低碳转型的促进作用，为实现碳达峰碳中和提供支撑。工作原则强调系统推进，急用先行，创新驱动，技术融合，政府引导，市场主导，以我为主，开放合作。

主要目标包括到 2025 年，国家层面出台 50 个左右重点产品碳足迹核算规则和标准，一批重点行业碳足迹背景数据库初步建成，国家产品碳标识认证制度基本建立，碳足迹核算和标识在生产、消费、贸易、金融领域的应用场景显著拓展，若干重点产品碳足迹核算规则、标准和碳

标识实现国际互认。到 2030 年，国家层面出台 200 个左右重点产品碳足迹核算规则和标准，一批覆盖范围广、数据质量高、国际影响力强的重点行业碳足迹背景数据库基本建成，国家产品碳标识认证制度全面建立，碳标识得到企业和消费者的普遍认同，主要产品碳足迹核算规则、标准和碳标识得到国际广泛认可，产品碳足迹管理体系为经济社会发展全面绿色转型提供有力保障。

重点任务包括制定产品碳足迹核算规则标准。加快研制产品碳足迹核算基础通用国家标准，制定核算规则标准的重点产品，发布规则标准采信清单。加强碳足迹背景数据库建设，建立相关行业碳足迹背景数据库，依法合规收集整理本行业相关数据资源，发布细分行业领域产品碳足迹背景数据库，鼓励国际碳足迹数据库供应商按照市场化原则与中国碳足迹数据库开展合作，据实更新相关背景数据。建立产品碳标识认证制度，建立统一规范的产品碳标识认证制度，研究制定产品碳标识认证管理办法，有序规范和引导各地区各层级探索开展产品碳足迹管理相关工作。丰富产品碳足迹应用场景，将产品碳足迹水平作为重要指标，推动企业开展工艺流程改造、强化节能降碳管理，挖掘节能降碳潜力，鼓励龙头企业推动供应链整体绿色低碳转型，加大碳足迹较低产品的采购力度。有序推进碳标识在消费品领域的推广应用，支持银行等金融机构将碳足迹核算结果作为绿色金融产品的重要采信依据。推动碳足迹国际衔接与互认，推动与主要贸易伙伴在碳足迹核算规则和认证结果方面衔接互认。

## 二、实施绿色低碳先进技术示范工程

2023 年 8 月 4 日，为加快绿色低碳先进适用技术示范应用和推广，在落实碳达峰碳中和目标任务过程中锻造新的产业竞争优势，国家发展改革委、科技部、工业和信息化部、财政部、自然资源部、住房城乡建设部、交通运输部、国务院国资委、国家能源局、中国民航局联合发布《绿色低碳先进技术示范工程实施方案》，对我国开展绿色低碳先进技术示范工程的指导思想和工作原则、主要目标、重点方向做出安排。

指导思想强调通过实施绿色低碳先进技术示范工程，布局一批技术

水平领先、减排效果突出、减污降碳协同、示范效应明显的项目，加快占领全球绿色低碳技术和产业高地，为实现碳达峰碳中和目标提供有力支撑，为经济社会高质量发展提供绿色动能。

工作原则强调创新驱动、示范引领，目标导向、突出重点，政府引导、市场主导，统筹部署、改革创新。

主要目标提出：到 2025 年，通过实施绿色低碳先进技术示范工程，一批示范项目落地实施，一批先进适用绿色低碳技术成果转化应用，若干有利于绿色低碳技术推广应用的支持政策、商业模式和监管机制逐步完善，为重点领域降碳探索有效路径。到 2030 年，通过绿色低碳先进技术示范工程带动引领，先进适用绿色低碳技术研发、示范、推广模式基本成熟，相关支持政策、商业模式、监管机制更加健全，绿色低碳技术和产业国际竞争优势进一步加强，为实现碳中和目标提供有力支撑。

重点方向包括源头减碳类、过程降碳类、末端固碳类。其中源头减碳类包括非化石能源先进示范项目，化石能源清洁高效开发利用示范项目，先进电网和储能示范项目，绿氢减碳示范项目。过程降碳类包括工业领域示范项目，建筑领域示范项目，交通领域示范项目，减污降碳协同示范项目，低碳（近零碳）产业园区示范项目。末端固碳类包括全流程规模化 CCUS 示范项目、二氧化碳先进高效捕集示范项目和二氧化碳资源化利用及固碳示范项目。

## 三、加快重点领域产品设备更新改造

2023 年 2 月 20 日，国家发展改革委、工业和信息化部、财政部、住房城乡建设部、商务部、人民银行、国务院国资委、市场监管总局、国家能源局联合发布《关于统筹节能降碳和回收利用 加快重点领域产品设备更新改造的指导意见》，对统筹节能降碳和回收利用，加快重点领域产品设备更新改造指导思想、工作原则、主要目标、重点任务做出安排部署如下。

指导思想强调深入实施全面节约战略，扩大有效投资和消费，逐步分类推进重点领域产品设备更新改造，加快构建废弃物循环利用体系，推动废旧产品设备物尽其用，实现生产、使用、更新、淘汰、回收利用

产业链循环，推动制造业高端化、智能化、绿色化发展，形成绿色低碳的生产方式和生活方式，为实现碳达峰碳中和目标提供有力支撑。

工作原则强调坚持聚焦重点、稳步推进；合理定标、分类指导；节约集约、畅通循环；市场导向、综合施策。

主要目标提出到2025年，通过统筹推进重点领域产品设备更新改造和回收利用，进一步提升高效节能产品设备市场占有率。与2021年相比，工业锅炉、电站锅炉平均运行热效率分别提高5个百分点和0.5个百分点，在运高效节能电机、在运高效节能电力变压器占比分别提高超过5个百分点和10个百分点，在用主要家用电器中高效节能产品占比提高10个百分点。在运工商业制冷设备、家用制冷设备、通用照明设备中高效节能产品占比分别达到40%、60%、50%。废旧产品设备回收利用更加规范畅通，形成一批可复制可推广的回收利用先进模式，推动废钢铁、废有色金属、废塑料等主要再生资源循环利用量达到4.5亿吨。到2030年，重点领域产品设备能效水平进一步提高，推动重点行业和领域整体能效水平和碳排放强度达到国际先进水平。产品设备更新改造和回收利用协同效应有效增强，资源节约集约利用水平显著提升，为顺利实现碳达峰目标提供有力支撑。

重点任务包括：加快重点领域产品设备节能降碳更新改造，聚焦重点领域产品设备，分领域制定实施指南并持续完善，首批聚焦实施条件相对成熟、示范带动作用较强的锅炉、电机、电力变压器、制冷、照明、家用电器等产品设备，推动相关使用企业和单位开展更新改造，统筹做好废旧产品设备回收利用。合理划定产品设备能效水平，结合行业技术进步、发展预期等实际情况，实行能效水平动态转化，适时更新重点用能产品设备能效先进水平、节能水平、准入水平。逐步分类实施产品设备更新改造，各地要结合实际细化工作措施，合理设置政策实施过渡期，稳妥有序推进更新改造，确保企业安全生产和设备稳定运行。加强高效节能产品设备市场供给和推广应用。完善废旧产品设备回收利用体系，畅通废旧产品设备回收处置渠道，推动再生资源高水平循环利用，规范废旧产品设备再制造。

# 第二节　绿色发展技术政策

## 一、建设完善绿色标准体系

### （一）工业节能相关标准

2023年，我国发布工业节能节水相关国家标准4项（见表14-1）。

表14-1　2023年发布的工业节能相关标准

| 序号 | 标准编号 | 标准名称 |
|---|---|---|
| 1 | GB/T 30163—2023 | 高炉用高风温顶燃式热风炉节能技术规范 |
| 2 | GB/T 29314—2023 | 电动机系统节能改造规范 |
| 3 | GB/T 30256—2023 | 节能量测量和验证技术要求　电机系统 |
| 4 | GB/T 27874—2023 | 船舶节能产品使用技术条件及评定方法 |

数据来源：中国国家标准化管理委员会，2023.12

### （二）能效能耗标准

2023年，我国发布工业产品能效相关国家标准5项（见表14-2）。

表14-2　2023年工业产品能效相关标准

| 序号 | 标准编号 | 标准名称 |
|---|---|---|
| 1 | GB/T 29326—2023 | 包括变速应用的能效电动机的选择　应用导则 |
| 2 | GB 43630—2023 | 塔式和机架式服务器能效限定值及能效等级 |
| 3 | GB/T 28924—2023 | 钢铁企业能效指数计算导则 |
| 4 | GB/Z 43029—2023 | 低压开关设备和控制设备及其成套设备　能效 |
| 5 | GB 21520—2023 | 显示器能效限定值及能效等级 |
| 6 | GB/T 30200—2023 | 橡胶塑料注射成型机能耗检测方法 |

数据来源：中国国家标准化管理委员会，2023.12

### （三）碳排放标准

2023年，我国发布工业领域碳排放相关国家标准9项（见表14-3）。

表 14-3　2023 年工业领域碳排放相关国家标准

| 序号 | 标 准 编 号 | 标 准 名 称 |
|---|---|---|
| 1 | GB/T 32151.7—2023 | 碳排放核算与报告要求 第 7 部分：平板玻璃生产企业 |
| 2 | GB/T 32151.8—2023 | 碳排放核算与报告要求 第 8 部分：水泥生产企业 |
| 3 | GB/T 32151.9—2023 | 碳排放核算与报告要求 第 9 部分：陶瓷生产企业 |
| 4 | GB/T 32151.10—2023 | 碳排放核算与报告要求 第 10 部分：化工生产企业 |
| 5 | GB/T 32151.13—2023 | 碳排放核算与报告要求 第 13 部分：独立焦化企业 |
| 6 | GB/T 32151.14—2023 | 碳排放核算与报告要求 第 14 部分：其他有色金属冶炼和压延加工企业 |
| 7 | GB/T 32151.15—2023 | 碳排放核算与报告要求 第 15 部分：石油化工企业 |
| 8 | GB/T 32151.16—2023 | 碳排放核算与报告要求 第 16 部分：石油天然气生产企业 |
| 9 | GB/T 32151.17—2023 | 碳排放核算与报告要求 第 17 部分：氟化工企业 |

数据来源：中国国家标准化管理委员会，2023.12

## （四）绿色制造相关国家标准

2023 年，我国发布绿色制造相关国家标准 4 项（见表 14-4）。

表 14-4　2023 年绿色制造相关国家标准

| 序号 | 标 准 编 号 | 标 准 名 称 |
|---|---|---|
| 1 | GB/T 28612—2023 | 绿色制造 术语 |
| 2 | GB/T 28616—2023 | 绿色制造 属性 |
| 3 | GB/T 43145—2023 | 绿色制造 制造企业绿色供应链管理 逆向物流 |
| 4 | GB/T 43017—2023 | 绿色产品评价 照明产品 |

数据来源：中国国家标准化管理委员会，2023.12

## 二、推广重点节能减排技术

### （一）国家工业节能技术装备推荐目录（2023年版）

2023年12月，工业和信息化部发布《国家工业和信息化领域节能技术装备推荐目录（2023年版）》。其中，工业领域节能技术包括：钢铁行业节能提效技术14项、有色行业节能提效技术2项，建材行业节能提效技术10项，石化化工行业节能提效技术12项，机械行业节能提效技术9项，轻工行业节能提效技术4项，电子化工行业节能提效技术2项，可再生能源高效利用节能提效技术11项，重点用能设备及系统节能提效技术17项，煤炭、天然气等化石能源清洁高效利用技术6项，其他节能提效技术3项。

信息化领域节能技术包括：数据中心节能提效技术18项，通信网络节能提效技术23项，数字化绿色化协同转型节能提效技术11项。

高效节能装备包括：高效节能电动机产品26项，高效节能变压器产品34项，高效节能工业锅炉产品5项，高效节能风机产品24项，高效节能压缩机产品27项，高效节能泵类产品4项，高效节能塑料机械产品11项，高效节能内燃机产品2项。

### （二）国家鼓励发展的重大环保技术装备目录（2023年版）

2023年12月，工业和信息化部、生态环境部联合发布2023年度《国家鼓励发展的重大环保技术装备目录（2023年版）》技术装备共158项，其中开发类技术装备17项，包括：大气污染防治技术1项、水污染防治技术3项，固废处理处置技术7项，环境监测专用仪器仪表技术4项，环境污染防治设备专用零部件1项，噪声与振动控制技术1项。

应用类技术装备62项，包括大气污染防治技术8项、水污染防治技术19项，固废处理处置技术16项，环境监测专用仪器仪表技术3项，土壤污染修复技术1项，环境污染防治专用材料与药剂2项，环境污染防治设备专用零部件6项，环境污染应急处理技术3项，减污降碳协同处置技术4项。

推广类79项，包括大气污染防治技术13项、水污染防治技术16项，固废处理处置技术21项，环境监测专用仪器仪表技术7项，土壤

污染修复技术 4 项，环境污染防治专用材料与药剂 6 项，噪声与振动控制技术 2 项，环境污染防治设备专用零部件 5 项，环境污染应急处理技术 1 项，减污降碳协同处置技术 4 项。

### （三）国家鼓励发展的重大环保技术装备目录（2023 年版）

2023 年 12 月，工业和信息化部、水利部联合发布 2023 年度《国家鼓励的工业节水工艺、技术和装备目录（2023 年）》，其中共性通用技术装备 64 项，包括：循环水处理及回收利用技术 16 项、废水处理及循环利用技术 9 项，非常规水利用技术 7 项，节水减污降碳协同技术 5 项，智能用水管理技术 11 项，节水及水处理材料及装备 16 项。此外，包括钢铁行业 7 项，石化行业 32 项、纺织行业 13 项，造纸行业 8 项，食品行业 15 项，有色金属行业 10 项，皮革行业 2 项，制药行业 1 项，电子行业 1 项，建材行业 7 项，蓄电池行业 2 项，煤炭行业 5 项，电力行业 4 项。

### （四）国家工业资源综合利用先进适用工艺技术设备目录（2023 年版）

2023 年 11 月，工业和信息化部、国家发展和改革委员会、科学技术部、生态环境部联合发布《国家鼓励的工业节水工艺、技术和装备目录（2023 年）》，其中工业固废减量化 9 项，工业固废综合利用 50 项、再生资源回收利用 19 项，再制造技术 10 项。

### （五）工业产品绿色设计示范企业名单（第五批）

2023 年 11 月，工业和信息化部发布《工业产品绿色设计示范企业名单（第五批）》，第五批工业产品绿色设计示范企业包括八个行业共 103 家企业，其中包括电子电器行业 30 家，纺织行业 11 家，机械设备行业 25 家，汽车及配件行业 5 家，轻工行业 11 家，化工行业 14 家，建材行业 2 家，冶金行业 5 家。

### （六）2023 年度绿色制造名单

2024 年 1 月，工业和信息化部公布 2023 年度绿色制造名单，其中，绿色工厂1488家、绿色工业园区104家、绿色供应链管理企业205家。

### （七）2023年度低噪声施工设备指导名录

2023年5月，工业和信息化部、生态环境部、住房和城乡建设部、市场监督管理总局联合发布《低噪声施工设备指导名录（第一批）》，包括压路机（振动、振荡）8项，压路机（非振动、非振荡）2项，履带式推土机4项，轮胎式装载机9项，平地机2项，挖掘机21项。

## 三、工业节能政策

2023年6月，国家发展改革委、工业和信息化部、生态环境部、市场监管总局、国家能源局联合发布《工业重点领域能效标杆水平和基准水平（2023年版）》，在之前炼油、煤制焦炭、煤制甲醇、煤制烯烃、煤制乙二醇、烧碱、纯碱、电石、乙烯、对二甲苯、黄磷、合成氨、磷酸一铵、磷酸氢二铵、水泥熟料、平板玻璃、建筑陶瓷、卫生陶瓷、炼铁、炼钢、铁合金冶炼、铜冶炼、铅冶炼、锌冶炼、电解铝25个重点领域基础上，扩大了11个领域，包括乙二醇，尿素，钛白粉，聚氯乙烯，精对苯二甲酸，子午线轮胎，工业硅，卫生纸原纸、纸巾原纸，棉、化纤及混纺机织物，针织物、纱线，黏胶短纤维等。

2023年7月，工业和信息化部发布《关于组织开展2023年工业节能诊断服务工作的通知》，工作任务包括重点选择钢铁、石化、化工、建材、有色金属、轻工、纺织、机械、汽车、电子等行业和数据中心等信息基础设施，由省级工业和信息化主管部门、中央企业集团分别组织节能诊断服务机构为中央企业、专精特新和“小巨人”等中小企业，开展公益性节能诊断服务。节能诊断服务机构应针对企业生产工艺流程、重点用能设备和公辅设施、余热余压等余能利用、能源管理体系建设、用能结构优化调整及能量系统优化等方面，查找短板弱项，提出技术、设备、管理等方面节能改造措施建议，为不同行业、不同发展阶段的工业企业节能降碳提出可复制易推广的解决方案。

2023年10月，按照《工业和信息化部办公厅关于组织开展2023年度工业节能诊断服务工作的通知》要求，工业和信息化部发布《关于印发2023年度国家工业节能诊断服务任务的通知》，通知经省级工业和

信息化主管部门和中央企业集团推荐、公开招标等程序，确定 113 家中标工业节能诊断服务机构为 1863 家中央企业、专精特新和“小巨人”企业开展工业节能诊断服务。

### 四、两化融合

2024 年 6 月，工业和信息化部、国家发展改革委、商务部、国家机关事务管理局、国家金融监督管理总局、国家能源局联合发布《2023 年度国家绿色数据中心名单》，确定了 2023 年度国家绿色数据中心共 50 家，其中通信领域 17 家，互联网领域 14 家，公共机构领域 11 家，能源领域 1 家，金融领域 6 家、智算中心领域 1 家。

## 第三节　绿色发展财政金融支持政策

### 一、市场政策

2023 年 8 月，国家发展改革委、财政部、国家能源局联合发布《关于做好可再生能源绿色电力证书全覆盖工作　促进可再生能源电力消费的通知》，通知提出进一步健全完善可再生能源绿色电力证书（以下简称“绿证”）制度，明确绿证适用范围，规范绿证核发，健全绿证交易，扩大绿电消费，完善绿证应用，实现绿证对可再生能源电力的全覆盖，进一步发挥绿证在构建可再生能源电力绿色低碳环境价值体系、促进可再生能源开发利用、引导全社会绿色消费等方面的作用，为保障能源安全可靠供应、实现碳达峰碳中和目标、推动经济社会绿色低碳转型和高质量发展提供有力支撑。

其中，进一步明确了绿证的适用范围，强调绿证是我国可再生能源电量环境属性的唯一证明，是认定可再生能源电力生产、消费的唯一凭证。国家对符合条件的可再生能源电量核发绿证，1 个绿证单位对应 1000 千瓦时可再生能源电量。绿证作为可再生能源电力消费凭证，用于可再生能源电力消费量核算、可再生能源电力消费认证等，其中：可交易绿证除用作可再生能源电力消费凭证外，还可通过参与绿证绿电交易等方式在发电企业和用户间有偿转让。国家发展改革委、国家能源局负责确定核发可交易绿证的范围，并根据可再生能源电力生产消费情况动态调整。

进一步规范绿证核发。包括明确国家能源局负责绿证相关管理工作。绿证核发原则上以电网企业、电力交易机构提供的数据为基础，与发电企业或项目业主提供数据相核对。绿证对应电量不得重复申领电力领域其他同属性凭证。对全国风电（含分散式风电和海上风电）、太阳能发电（含分布式光伏发电和光热发电）、常规水电、生物质发电、地热能发电、海洋能发电等已建档立卡的可再生能源发电项目所生产的全部电量核发绿证，实现绿证核发全覆盖。其中：集中式风电（含海上风电）、集中式太阳能发电（含光热发电）项目的上网电量，核发可交易绿证。对分散式风电、分布式光伏发电项目的上网电量，核发可交易绿证。对生物质发电、地热能发电、海洋能发电等可再生能源发电项目的上网电量，核发可交易绿证。对存量常规水电项目，暂不核发可交易绿证，相应的绿证随电量直接无偿划转。对2023年1月1日（含）以后新投产的完全市场化常规水电项目，核发可交易绿证。

进一步完善绿证交易。包括明确绿证依托中国绿色电力证书交易平台，以及北京电力交易中心、广州电力交易中心开展交易，适时拓展至国家认可的其他交易平台，绿证交易信息应实时同步至核发机构。现阶段可交易绿证仅可交易一次。明确绿证交易采取双边协商、挂牌、集中竞价等方式进行。其中，双边协商交易由市场主体双方自主协商绿证交易数量和价格；挂牌交易中绿证数量和价格信息在交易平台发布；集中竞价交易按需适时组织开展，按照相关规则明确交易数量和价格。明确对享受中央财政补贴的项目绿证，初期采用双边和挂牌方式为主，创造条件推动尽快采用集中竞价方式进行交易，绿证收益按相关规定执行。平价（低价）项目、自愿放弃中央财政补贴和中央财政补贴已到期项目，绿证交易方式不限，绿证收益归发电企业或项目业主所有。

## 二、绿色发展金融政策

2023年12月，中国证监会、国务院国资委联合发布《关于支持中央企业发行绿色债券的通知》，提出：

一是完善绿色债券融资支持机制，包括加强对绿色低碳领域的精准

支持。支持中央企业发行绿色债券，发展节能降碳、环境保护、资源循环利用、清洁能源、生态保护修复和利用、基础设施绿色升级等产业。鼓励中央企业根据绿色项目预期投资回收周期，发行中长期债券。支持对中央企业发行绿色债券提供融资便利，建立债券回购融资支持机制，优化中介机构监管评价考核，推进绿色投资理念。鼓励中央企业参照成熟经验主动披露绿色环境信息，吸引商业银行、保险公司、社保基金、养老金、证券基金等加大绿色债券投资力度。

二是助力中央企业绿色低碳转型和高质量发展。包括推进中央企业绿色低碳转型，发挥中央企业绿色科技创新主体作用，鼓励中央企业发行投向绿色领域科技创新项目建设的债券，强化绿色科技创新，支持绿色低碳关键核心技术攻坚突破和推广应用，提升高质量绿色产品服务供给能力。发挥中央企业绿色低碳发展示范作用。支持中央企业发行绿色债券筹集资金，通过项目合作、产业共建、搭建联盟等方式引领地方国有企业及各类市场经营主体绿色低碳发展，共同构建低碳供应链体系，推动节能低碳和环境服务等新业态发展和模式创新，全面提高能源资源利用效率。

三是发挥中央企业绿色投资引领作用。包括引导绿色发展重点领域资金供给。鼓励符合条件的中央企业设立绿色发展基金或低碳基金发行绿色债券，通过投资支持符合条件的绿色项目建设、运营，吸引、撬动、聚合社会资本投向绿色产业。支持中央企业子公司探索利用碳排放权、排污权等资源环境权益进行质押担保，或由中央企业集团提供外部增信等方式发行绿色债券，推动细分领域节能减污降碳。支持中央企业开展绿色领域基础设施 REITs 试点。支持新能源、清洁能源、生态环保等领域基础设施项目发行 REITs，拓宽增量资金来源，完善绿色融资支持。

第十五章

# 2023 年中国工业节能减排重点政策解析

## 第一节 2024—2025 年节能降碳行动方案

### 一、政策出台背景

节能降碳是推进碳达峰碳中和、加快发展方式绿色转型的重要抓手。受新冠疫情等诸多因素影响，“十四五”前三年能耗强度降幅滞后于时序进度，部分地区节能降碳形势较为严峻，完成“十四五”规划《纲要》确定的节能降碳约束性指标，任务仍然艰巨。为切实保障完成“十四五”节能降碳目标任务，为实现碳达峰碳中和目标奠定基础，国家发展改革委会同有关部委研究起草了《2024—2025 年节能降碳行动方案》，（以下简称《行动方案》）分领域分行业实施节能降碳专项行动，经国务院常务会议审议通过后，2024 年 5 月由国务院印发。

### 二、政策主要内容

《行动方案》提出，2024 年，单位国内生产总值能源消耗和二氧化碳排放分别降低 2.5%左右、3.9%左右，规模以上工业单位增加值能源消耗降低 3.5%左右，非化石能源消费占比达到 18.9%左右，重点领域和行业节能降碳改造形成节能量约 5000 万吨标准煤、减排二氧化碳约 1.3 亿吨。2025 年，非化石能源消费占比达到 20%左右，重点领域和行

业节能降碳改造形成节能量约 5000 万吨标准煤、减排二氧化碳约 1.3 亿吨[1]。

《行动方案》部署了节能降碳十大行动，覆盖能源、工业、建筑、交通、公共机构、用能设备等重点领域和重点行业。

一是化石能源消费减量替代行动。包括严格合理控制煤炭消费和优化油气消费结构两个方面。到 2025 年年底，大气污染防治重点区域平原地区散煤基本清零，基本淘汰 35 蒸吨/小时及以下燃煤锅炉及各类燃煤设施。

二是非化石能源消费提升行动。包括加大非化石能源开发力度、提升可再生能源消纳能力、大力促进非化石能源消费三个方面。到 2025 年底，全国非化石能源发电量占比达到 39%。全国抽水蓄能、新型储能装机容量分别超过 6200 万千瓦、4000 万千瓦；各地区需求响应能力一般应达到最大用电负荷的 3%～5%，年度最大用电负荷峰谷差率超过 40%的地区需求响应能力应达到最大用电负荷的 5%以上。“十四五”前三年节能降碳指标进度滞后地区要实行新上项目非化石能源消费承诺，“十四五”后两年新上高耗能项目的非化石能源消费比例不得低于 20%。2024 年底实现绿证核发全覆盖。

三是钢铁行业节能降碳行动。包括加强钢铁产能产量调控，深入调整钢铁产品结构，加快钢铁行业节能降碳改造三个方面。2024 年继续实施粗钢产量调控。到 2025 年年底，电炉钢产量占粗钢总产量比例力争提升至 15%，废钢利用量达到 3 亿吨。能效标杆水平以上产能占比达到 30%，能效基准水平以下产能完成技术改造或淘汰退出，全国 80%以上钢铁产能完成超低排放改造；与 2023 年相比，吨钢综合能耗降低 2%左右，余热余压余能自发电率提高 3 个百分点以上。2024—2025 年，钢铁行业节能降碳改造形成节能量约 2000 万吨标准煤、减排二氧化碳约 5300 万吨。

[1] 国务院关于印发《2024—2025 年节能降碳行动方案》的通知（国发〔2024〕12 号），2024 年 5 月 29 日。

四是石化化工行业节能降碳行动。包括严格石化化工产业政策要求，加快节能降碳改造，推动工艺流程再造三个方面。到2025年年底，全国原油一次加工能力控制在10亿吨以内。炼油、乙烯、合成氨、电石行业能效标杆水平以上产能占比超过30%，能效基准水平以下产能完成技术改造或淘汰退出。2024—2025年，石化化工行业节能降碳改造形成节能量约4000万吨标准煤、减排二氧化碳约1.1亿吨。

五是有色金属行业节能降碳行动。包括优化有色金属行业产能布局、严格新上项目能效和环保准入、推进节能降碳改造三个方面。到2025年年底，再生金属供应占比达到24%以上，铝水直接合金化比例提高到90%以上。到2025年年底，电解铝行业能效标杆水平以上产能占比达到30%，可再生能源使用比例达到25%以上；铜、铅、锌冶炼能效标杆水平以上产能占比达到50%；有色金属行业能效基准水平以下产能完成技术改造或淘汰退出。2024—2025年，有色金属行业节能降碳改造形成节能量约500万吨标准煤、减排二氧化碳约1300万吨。

六是建材行业节能降碳行动。包括加强产能产量调控、严格新增建材项目准入、推进节能降碳改造。到2025年年底，全国水泥熟料产能控制在18亿吨左右。水泥、陶瓷行业能效标杆水平以上产能占比达到30%，平板玻璃行业能效标杆水平以上产能占比达到20%，建材行业能效基准水平以下产能完成技术改造或淘汰退出。2024—2025年，建材行业节能降碳改造形成节能量约1000万吨标准煤、减排二氧化碳约2600万吨。

七是建筑节能降碳行动。包括加快建造方式转型、推进存量建筑改造、加强建筑运行管理。到2025年年底，城镇新建建筑全面执行绿色建筑标准，新建公共机构建筑、新建厂房屋顶光伏覆盖率力争达到50%，城镇建筑可再生能源替代率达到8%，新建超低能耗建筑、近零能耗建筑面积较2023年增长2000万平方米以上。完成既有建筑节能改造面积较2023年增长2亿平方米以上，城市供热管网热损失较2020年降低2个百分点左右，改造后的居住建筑、公共建筑节能率分别提高30%、20%。

八是交通运输节能降碳行动。包括推进低碳交通基础设施建设、推进交通运输装备低碳转型、优化交通运输结构。到2025年年底，交通

运输领域二氧化碳排放强度较 2020 年降低 5%。铁路和水路货运量分别较 2020 年增长 10%、12%，铁路单位换算周转量综合能耗较 2020 年降低 4.5%。

九是公共机构节能降碳行动。包括加强公共机构节能降碳管理，实施公共机构节能降碳改造。到 2025 年年底，公共机构单位建筑面积能耗、单位建筑面积碳排放、人均综合能耗分别较 2020 年降低 5%、7%、6%。到 2025 年年底，公共机构煤炭消费占比降至 13%以下，中央和国家机关新增锅炉、变配电、电梯、供热、制冷等重点用能设备能效先进水平占比达到 80%。

十是用能产品设备节能降碳行动。包括加快用能产品设备和设施更新改造，加强废旧产品设备循环利用。与 2021 年相比，2025 年工业锅炉、电站锅炉平均运行热效率分别提高 5 个百分点以上、0.5 个百分点以上，在运高效节能电机、高效节能变压器占比分别提高 5 个百分点以上、10 个百分点以上，在运工商业制冷设备、家用制冷设备、通用照明设备中的高效节能产品占比分别达到 40%、60%、50%。

## 第二节　关于加快推动制造业绿色化发展的指导意见

### 一、政策出台背景

为深入贯彻落实党的二十大精神，推动制造业绿色化发展，在落实碳达峰碳中和目标任务中锻造新的产业竞争优势，加快建设现代化产业体系，推进新型工业化，2024 年 2 月，工业和信息化部联合国家发展改革委等七部门发布了《关于加快推动制造业绿色化发展的指导意见》（以下简称《指导意见》），明确了三大路径、四个体系。提出到 2030 年，绿色工厂产值占制造业总产值比重超过 40%，绿色发展成为推进新型工业化的坚实基础。到 2035 年，制造业绿色发展内生动力显著增强，碳排放达峰后稳中有降，碳中和能力稳步提升，在全球产业链供应链绿色低碳竞争中优势凸显，绿色发展成为新型工业化的普遍形态。

## 二、政策主要内容

《指导意见》深刻把握制造业绿色化发展在建设现代化产业体系、推进新型工业化中的重要作用，以锻造产业绿色竞争新优势为主线，明确了推动制造业绿色化发展的三大路径和具体任务。

### （一）加快传统产业绿色低碳转型升级

《指导意见》从结构优化、改造升级、产业布局的角度明确了三方面任务。在推进传统产业绿色低碳优化重构方面，提出要加快传统产业产品结构、用能结构、原料结构优化调整和工艺流程再造，提升在全球分工中的地位和竞争力；在加快传统产业绿色低碳技术改造方面，提出要定期更新发布制造业绿色低碳技术导向目录，遴选推广成熟度高、经济性好、绿色成效显著的关键共性技术，推动企业、园区、重点行业全面实施新一轮绿色低碳技术改造升级；在引导区域绿色低碳优化布局方面，提出要坚持全国一盘棋，综合考虑区域产业基础、资源禀赋、环境承载力等因素，推动传统产业形成集群化、差异化的绿色低碳转型新格局。

### （二）推动新兴产业绿色低碳高起点发展

新兴产业是引领未来发展的新支柱、新赛道，未来产业是抢占未来竞争制高点、构筑竞争新优势的关键。《指导意见》提出，加快补齐新兴产业绿色低碳短板弱项，着力锻造绿色低碳产业长板优势，既要聚焦制约新兴产业绿色发展的瓶颈环节，加快补齐短板弱项，着力解决新兴产业可持续发展的后顾之忧，也要立足经济社会绿色低碳转型带来的巨大市场空间，大力发展绿色低碳产业，提高绿色环保、新能源装备、新能源汽车等绿色低碳产业占比。对于未来产业，《指导意见》提出，聚焦“双碳”目标下能源革命和产业变革需求，谋划布局氢能、储能、生物制造、碳捕集利用与封存等未来能源和未来制造产业发展，尽快把未来需求潜力转化为产业发展动力，抢占未来产业发展的竞争高地。

### （三）培育制造业绿色融合新业态

跨界融合已成为驱动产业发展的主要动力。《指导意见》提出，发

挥数字技术在提高资源效率、环境效益、管理效能等方面的赋能作用，加速生产方式数字化绿色化协同转型；紧跟现代服务业与制造业深度融合的变革趋势，在绿色低碳领域深入推行服务型制造，构建优质高效的绿色制造服务体系；紧紧围绕能源生产、交通运输、城乡建设等全社会各领域绿色消费需求，加大绿色产品供给，培育供需深度融合新模式，实现供需两侧协同发力，支撑经济社会绿色低碳转型。

### （四）提升制造业绿色化发展基础能力

推动制造业绿色化发展是一个长期性的系统工程，需要技术、标准、政策和标杆等要素的支撑引领。《指导意见》提出从以下四方面提升制造业绿色化发展的基础能力。

构建绿色低碳技术创新体系。为加快工业绿色低碳技术的应用和推广，《指导意见》提出以满足市场需求为导向，一体化部署绿色低碳技术攻关、转化应用、主体培育等，引导各类创新要素集聚，实现创新效能转化为产业竞争新优势。

完善绿色化发展政策体系。《指导意见》提出以精准、协同、可持续为导向，完善支持绿色发展的财税、金融、投资、价格等政策，发挥不同类型政策作用，比如用财政政策解决重大绿色低碳技术攻关等点上资金需求，用金融政策解决量大面广的技术改造提升需求，同时创新政策实施方式，逐步建立促进制造业绿色化发展的长效机制。

健全绿色低碳标准体系。《指导意见》提出强化标准顶层设计和规范性管理，推动各级各类标准衔接配套，加强标准贯彻实施和应用评估，到 2030 年完成 500 项以上碳达峰急需标准的制定，持续完善节能、节水、资源综合利用、环保装备标准，稳步升级绿色工厂、绿色产品、绿色工业园区、绿色供应链标准，协同推进数字赋能绿色低碳领域标准，推动标准国际化。

优化绿色低碳标杆培育体系。绿色低碳标杆是推动制造业绿色化发展的领军力量。《指导意见》提出发挥绿色低碳标杆的引领带动作用，优化现有标杆培育机制，构建绿色制造“综合标杆”和能效、水效、再生资源等细分领域“单项标杆”相衔接的标杆培育体系，从工业全过程深挖能源资源节约潜力，推动制造业绿色化发展由点及面、逐步覆盖。

## 第三节 绿色工厂梯度培育及管理办法

### 一、政策出台背景

“十三五”以来，工业和信息化部以重大工程、项目为牵引，着力推进绿色工厂、绿色工业园区、绿色供应链和绿色产品建设。截至2024年9月，国家层面累计培育绿色工厂5095家、绿色工业园区371家、绿色供应链管理企业605家、绿色产品近3.5万个，各行业、各地区绿色制造水平不断提升。总体来看，以绿色工厂、绿色工业园区、绿色供应链管理企业、绿色产品为基础的绿色制造体系正在逐步构建，以绿色工厂为核心基础单元的绿色制造体系已成为各地推行绿色制造的重要抓手。

为加快构建绿色制造和服务体系，发挥绿色工厂在制造业绿色低碳转型中的基础性和导向性作用，加快形成规范化、长效化培育机制，打造绿色制造领军力量，2024年1月，工业和信息化部对外发布《绿色工厂梯度培育及管理暂行办法》（以下简称《暂行办法》）。作为今后开展绿色工厂梯度培育及管理的行政规范性文件，将进一步引领绿色制造标杆发挥示范带动作用，推动行业、区域绿色低碳转型升级。

### 二、政策主要内容

《暂行办法》主要包括6部分内容，对编制原则、培育要求、创建程序、动态管理、配套机制等重要内容进行了具体阐述，共27个条款、4个附件。

首先是总则，阐述了编制目的、绿色工厂梯度培育相关定义、工作原则及分工、平台建设等内容。明确提出，绿色工厂是绿色制造核心实施单元，绿色工业园区是绿色工厂和绿色基础设施集聚的平台，绿色供应链管理企业是带动供应链上下游工厂实施绿色制造的关键。工业节能与绿色发展管理平台是开展绿色工厂梯度培育及管理的统一平台。

第二部分是培育要求，主要对地方培育工作提出总体要求，明确绿色工厂、绿色工业园区、绿色供应链管理企业培育的具体条件。明确提

出，绿色工业园区要发布园区绿色工厂培育计划，组织园区内企业开展绿色工厂创建；绿色供应链管理企业要制订供应商绿色工厂培育计划，推动供应商开展绿色工厂创建。

第三部分是创建程序，提出了申请列入各级绿色制造名单的工作程序、创建标准和否决条件。满足申报条件的企业、园区按照自愿的原则，对照相关标准，采取自评价或委托具备评价能力的第三方机构开展评价的方式，编写评价报告后通过管理平台提交。各地推荐的国家层面绿色工厂原则上应先纳入省层面绿色工厂名单，国家层面绿色工业园区应为省级以上且绿色工厂数量多、占比高的工业园区，国家层面绿色供应链管理企业推荐的企业原则上应为国家层面绿色工厂。工业和信息化部将组织专家对推荐名单进行评审，按照优中选优、示范引领原则确定拟入围名单，向社会公示，按程序发布年度绿色制造名单[①]。

第四部分是动态管理，明确了对绿色制造名单单位和第三方机构实施监督管理的方式和流程。通过建立“有进有出”的动态管理机制，地方工业和信息化主管部门加强对纳入绿色制造名单的企业或园区的指导、监督、检查，不定期进行现场抽查复核，持续跟踪和分析创建成效。

第五部分是配套机制，提出工业和信息化部以及其地方主管部门的相关负责工作，明确了第三方机构和绿色制造名单单位在服务、宣传、信息披露等方面的责任。地方工业和信息化主管部门也要把绿色工厂梯度培育作为推动区域制造业绿色高质量发展的主要抓手。鼓励绿色工厂编制绿色低碳发展报告，绿色工业园区制定绿色工厂支持政策，绿色供应链管理企业加大对绿色工厂的产品采购力度。

最后是附则，明确了文件解释单位、实施时间等。附件主要是绿色制造第三方评价工作要求、绿色工业园区和绿色供应链管理企业的评价要求，以及绿色制造名单单位动态管理表。

---

① 工业和信息化部关于印发《绿色工厂梯度培育及管理暂行办法》的通知，工信部节〔2024〕13 号，2024 年 01 月 19 日。

## 第四节　碳达峰碳中和标准体系建设指南

2023 年 4 月，国家标准化管理委员会、国家发展和改革委员会、工业和信息化部等十一部门联合印发《碳达峰碳中和标准体系建设指南》（国标委联〔2023〕19 号，以下简称《指南》）。

### 一、政策出台背景

标准作为国家质量基础设施的核心组成部分，对于促进资源的高效利用、推动能源行业的绿色低碳发展、深度调整产业结构、引领生产生活方式向绿色化转变，以及实现经济社会的全面绿色转型，均发挥着至关重要的支撑作用。特别是在实现碳达峰、碳中和的宏伟目标上，标准的重要性不言而喻。

为深入贯彻《中共中央 国务院关于完整准确全面贯彻新发展理念做好碳达峰碳中和工作的意见》和《2030 年前碳达峰行动方案》中的各项部署，2022 年 10 月，市场监管总局、国家发展改革委、工业和信息化部等九部门联合发布了《建立健全碳达峰碳中和标准计量体系实施方案》。《方案》中，完善碳排放基础通用标准体系、加强重点领域碳减排标准体系建设、加快布局碳清除标准体系、健全市场化机制标准体系等四项任务聚焦于双碳标准体系的建设，而《指南》的出台，为这四项核心任务提供了清晰的工作指引和坚实的基础。

### 二、政策要点解析

#### （一）指导思想

《指南》以习近平新时代中国特色社会主义思想为指导，全面贯彻落实党的二十大精神，深入践行习近平生态文明思想，立足新发展阶段，完整、准确、全面贯彻新发展理念，加快构建新发展格局，坚持系统观念，突出标准顶层设计、强化标准有效供给、注重标准实施效益、统筹推进国内国际，持续健全标准体系，努力为实现碳达峰、碳中和目标贡献标准化力量。

### （二）主要目标

围绕基础通用标准，以及碳减排、碳清除、碳市场等发展需求，基本建成碳达峰碳中和标准体系。到 2025 年，制修订国家标准和行业标准（包括外文版本）不少于 1000 项，与国际标准一致性程度显著提高，主要行业碳核算核查实现标准全覆盖，重点行业和产品能耗能效标准指标稳步提升。实质性参与绿色低碳相关国际标准不少于 30 项，绿色低碳国际标准化水平明显提升。

### （三）重点工作

碳达峰碳中和标准体系包括基础通用标准子体系、碳减排标准子体系、碳清除标准子体系和市场化机制标准子体系等 4 个一级子体系，并进一步细分为 15 个二级子体系、63 个三级子体系。该体系覆盖能源、工业、交通运输、城乡建设、水利、农业农村、林业草原、金融、公共机构、居民生活等重点行业和领域碳达峰碳中和工作，满足地区、行业、园区、组织等各类场景的应用。本标准体系根据发展需要进行动态调整。具体而言，基础通用标准子体系包括术语、分类和碳信息披露标准，碳监测核算核查标准规范，低碳管理及评价标准。碳减排标准子体系包括节能标准、非化石能源标准、新型电力系统标准、化石能源清洁利用标准、生产和服务过程减排标准、资源循环利用标准。碳清除标准子体系包括生态系统固碳和增汇标准、碳捕集利用与封存标准、直接空气碳捕集和储存标准。市场化机制标准子体系包括绿色金融标准、碳排放交易相关标准规范、生态产品价值实现标准，支持充分利用市场化机制减少碳排放，实现碳中和。

此外，《指南》还明确提出国际标准化工作的四大重点。一是要形成国际标准化工作合力。充分发挥我国在碳捕集与封存、新型电力系统、新能源等领域技术优势，设立一批国际标准创新团队，凝聚科技攻关人员和标准化专家的力量，同步部署科研攻关和国际标准制定工作。二是要加强国际交流合作。加强与联合国政府间气候变化专门委员会（IPCC）、国际标准组织（ISO、IEC、ITU）等机构的合作对接，聚焦能源绿色转型、工业、碳汇、绿色低碳科技发展、循环经济等重点，跟踪

碳达峰碳中和领域最新国际动态。三是要积极参与国际标准制定。重点推动提出温室气体排放监测核算、林草固碳和增汇、能源领域的传统能源清洁低碳利用、智能电网与储能、新型电力系统、清洁能源、绿色金融、信息通信领域与数字赋能等国际标准提案，推动标准研制。四是要推动国内国际标准对接。开展碳达峰碳中和国内国际标准比对分析，重点推动温室气体管理、碳足迹、碳捕集利用与封存、清洁能源、节能等领域适用的国际标准转化为我国标准，及时实现“应采尽采”。

最后,《指南》提出三项组织措施[①]。一是坚持统筹协调。加强碳达峰碳中和标准体系建设的整体部署和系统推进，建立完善全国标准化技术委员会联络机制，发挥行业有关标准化协调推进组织的作用，统筹推进碳达峰碳中和标准化工作。二是强化任务落实。各行业各领域要按照碳达峰碳中和标准体系建设内容，加快推进相关国家标准、行业标准制修订，做好专业领域标准与基础通用标准、新制定标准与已发布标准的有效衔接。各地方、社会团体等加强与标准化技术组织合作，依法因地制宜、多点并行推动碳达峰碳中和地方标准、团体标准制修订。三是加强宣贯实施。广泛开展碳达峰碳中和标准化宣传工作，充分利用广播、电视、报刊、互联网等媒体，普及碳达峰碳中和标准化知识，提高公众绿色低碳标准化意识。适时组织开展碳达峰碳中和标准体系建设评估，及时总结碳达峰碳中和标准化典型案例，推广先进经验做法。

## 第五节　关于加快建立产品碳足迹管理体系的意见

2023 年 11 月，国家发展改革委、工业和信息化部、市场监管总局、住房城乡建设部、交通运输部联合印发《关于加快建立产品碳足迹管理体系的意见》(以下简称《意见》)。

① 国家标准化管理委员会等：《碳达峰碳中和标准体系建设指南》，2023 年 4 月 1 日。

## 一、政策出台背景

产品碳足迹类属碳排放核算，一般指产品从原材料加工、运输、生产到出厂销售等流程所产生的碳排放量总和，是衡量生产企业和产品绿色低碳水平的重要指标。近年来，一些国家逐步建立起重点产品碳足迹核算、评价和认证制度，越来越多的跨国公司也将产品碳足迹纳入可持续供应链管理要求。

为深入贯彻落实党中央、国务院关于碳达峰碳中和重大决策部署，加快提升我国重点产品碳足迹管理水平，促进相关行业绿色低碳转型，积极引导绿色低碳消费，推动产品碳足迹管理体系制度构建、方法标准制定以及背景数据库完善，助力实现碳达峰碳中和目标，国家发展改革委联合工业和信息化部、市场监管总局、住房城乡建设部、交通运输部等部门印发了《意见》。该《意见》有利于助力产业升级，推动企业节能降碳；有利于推动绿色消费，扩大低碳产品供给；有利于妥善应对国际贸易壁垒，提升外贸产品竞争力。

## 二、政策要点解析

### （一）指导思想

《意见》以习近平新时代中国特色社会主义思想为指导，全面贯彻党的二十大精神，深入贯彻习近平经济思想和习近平生态文明思想，完整、准确、全面贯彻新发展理念，加快构建新发展格局，着力推动高质量发展，按照党中央、国务院碳达峰碳中和重大战略决策有关部署，推动建立符合国情实际的产品碳足迹管理体系，完善重点产品碳足迹核算方法规则和标准体系，建立产品碳足迹背景数据库，推进产品碳标识认证制度建设，拓展和丰富应用场景，发挥产品碳足迹管理体系对生产生活方式绿色低碳转型的促进作用，为实现碳达峰碳中和提供支撑。

### （二）主要目标

到 2025 年，国家层面出台 50 个左右重点产品碳足迹核算规则和标准，一批重点行业碳足迹背景数据库初步建成，国家产品碳标识认证制度基本建立，碳足迹核算和标识在生产、消费、贸易、金融领域的应用场景显著拓展，若干重点产品碳足迹核算规则、标准和碳标识实现国际互认。

到2030年，国家层面出台200个左右重点产品碳足迹核算规则和标准，一批覆盖范围广、数据质量高、国际影响力强的重点行业碳足迹背景数据库基本建成，国家产品碳标识认证制度全面建立，碳标识得到企业和消费者的普遍认同，主要产品碳足迹核算规则、标准和碳标识得到国际广泛认可，产品碳足迹管理体系为经济社会发展全面绿色转型提供有力保障。

### （三）重点工作

《意见》通过五方面重点工作部署，构建起产品碳足迹管理体系总体框架[①]。一是制定产品碳足迹核算规则标准。加快制定产品碳足迹核算基础通用国家标准，明确核算边界、核算方法、数据质量要求和溯源性要求等。组织有关行业协会、龙头企业、科研院所等制定重点产品碳足迹核算规则标准。二是建设碳足迹背景数据库。行业主管部门可根据工作需要建立行业碳足迹背景数据库，为企业开展产品碳足迹核算提供公共服务。鼓励相关行业协会、企业、科研单位依法合规发布细分领域背景数据库，支持国际碳足迹数据库据实更新相关背景数据。三是建立产品碳标识认证制度。国家层面建立统一规范的产品碳标识认证制度，研究制定产品碳标识认证管理办法。鼓励企业按照市场化原则自愿开展产品碳足迹认证。四是丰富产品碳足迹应用场景。充分发挥碳足迹管理对企业绿色低碳转型的促进作用，帮助企业查找生产和流通中的碳排放管理薄弱环节，挖掘节能降碳潜力。鼓励消费者购买和使用碳足迹较低的产品。五是推动碳足迹国际衔接互认。加强国际碳足迹方法学研究，充分发挥双多边对话机制作用，加强与国际相关方的沟通对接，推动与主要贸易伙伴在碳足迹核算规则和认证结果方面衔接互认。

为保障工作有序落实，《意见》提出四方面支持举措。一是加强政

① 国家发展改革委等：《关于加快建立产品碳足迹管理体系的意见》，2023年11月13日。

策支持。加强碳足迹核算规则研究和标准研制，鼓励社会资本投资商用碳足迹背景数据库建设，引导金融机构逐步建立以产品碳足迹为导向的企业绿色低碳水平评价制度。二是强化能力建设。建立产品碳足迹管理专家工作组，为各项重点工作提供技术支持。规范有序开展碳足迹相关职业培训，提升从业人员专业能力水平。支持相关机构加强自身能力建设。三是提升数据质量。加强碳足迹数据质量计量保障体系建设，持续提升数据监测、采集、存储、核算、校验的可靠性与即时性。加强行业管理，严厉打击各类弄虚作假和虚标滥标行为。四是加强知识产权保护。探索研究碳足迹核算方法、碳足迹背景数据库等领域知识产权保护制度，培育和发展知识产权纠纷调解组织、仲裁机构、公证机构。

在具体组织实施方面，《意见》从加强统筹协调、明确职责分工、鼓励先行先试等方面提出任务要求。国家发展改革委将加强工作调度协调，会同有关部门按职责分工扎实推进重点任务。工业和信息化部等部门负责相关行业重点产品碳足迹核算规则、标准拟定和推广实施。国家发展改革委、市场监管总局会同工业和信息化部等部门负责产品碳标识认证相关工作。国家发展改革委、工业和信息化部等部门负责跟踪国际碳足迹有关动态，按职责与国际组织和主要经济体开展协调对接。支持粤港澳大湾区碳足迹试点工作加快形成有益经验和制度成果，为国家及其他地区开展碳足迹管理体系建设提供借鉴。《意见》还提出，鼓励有条件的地方在国家已出台的碳足迹标准规则名录以外，开展地方特色产品碳足迹核算规则研究和标准研制，条件成熟的可适时纳入国家产品碳足迹管理体系。

## 第六节　关于印发磷石膏综合利用行动方案的通知

2024 年 4 月，工业和信息化部、国家发展改革委、财政部、生态环境部、住房城乡建设部、交通运输部、市场监管总局等部门联合印发《关于印发磷石膏综合利用行动方案的通知》（以下简称《行动方案》）。

### 一、政策出台背景

磷石膏，作为硫酸分解磷矿萃取磷酸过程中的副产物，其综合利用对于磷化工产业的健康可持续发展具有举足轻重的地位。磷酸是生产磷肥和磷酸铁锂的关键原料，而磷肥和磷酸铁锂则分别在农业生产和新能源电池制造等领域发挥着不可替代的作用。因此，加强磷石膏的综合利用，不仅有助于推动磷化工产业的绿色发展，更是保障生态环境安全、粮食安全和促进新能源产业发展的重要举措。

磷石膏的主要化学成分为二水硫酸钙，根据综合利用产品的不同需求，经过科学有效的处理，磷石膏能够转化为建材产品、回填修复材料、路基材料以及硫酸等化工产品，其应用前景十分广阔。我国在磷石膏综合利用领域已取得显著成果，规模位居世界前列，形成了多元化的综合利用路径，为磷化工产业的可持续发展提供了有力支撑。

为进一步推动磷石膏综合利用有关工作，工业和信息化部研究制定《行动方案》，系统地引导磷石膏综合利用产业发展，对持续提升磷石膏综合利用水平具有重要意义。

## 二、政策要点解析

### （一）指导思想

《方案》以习近平新时代中国特色社会主义思想为指导，全面贯彻党的二十大精神，深入贯彻习近平生态文明思想，完整、准确、全面贯彻新发展理念，落实全国新型工业化推进大会部署要求，以全面提高磷石膏综合利用水平为目标，以技术和模式创新为引领，强化政策支持和要素保障，着力推动磷石膏源头减量，稳步提升磷石膏综合利用能力，持续提高利用规模和质量，助力磷化工产业绿色可持续发展。

### （二）主要目标

到 2026 年，磷石膏综合利用产品更加丰富，利用途径有效拓宽，综合利用水平进一步提升，综合利用率达到 65%，综合消纳量（包括综合利用量和无害化处理量）与产生量实现动态平衡，建成一批磷石膏综合利用示范项目，培育一批专业化龙头企业，在云、贵、川、鄂、皖等地打造 10 个磷石膏综合利用特色产业基地，产业链发展韧性显著增强，逐步形成上下游协同发力、跨产业跨地区协同利用的可持续发展格局。

## （三）重点工作

《行动方案》重点从推动磷石膏源头减量、推进磷石膏综合利用量效齐增、夯实综合利用产业发展基础三方面部署相关工作[①]。

在推动磷石膏源头减量方面，一是优化磷矿开采洗选工艺。推广新型选矿工艺，提高中低品位磷矿利用水平，支持磷矿企业开展坑口物理选矿、梯级开发利用磷矿资源，推进氟、钙、镁、硅等磷矿共伴生资源开发。鼓励研发使用选择性强、环境友好的高效浮选药剂，采用新型洗选工艺和装备，提高磷精矿品质。二是强化磷酸生产过程管理。依法实施磷石膏产生企业清洁生产审核。鼓励磷化工企业开展技术改造，采用半水—二水、二水—半水等绿色生产工艺，有效降低磷石膏中有害杂质，提高磷资源回收率和磷石膏品质。引导有条件的地区适度发展硝酸、盐酸或混酸分解磷矿，以及中低品位磷矿直接生产磷肥或复合肥等新工艺，减少磷石膏产生量。推动工业互联网、大数据、云计算、人工智能等新一代信息技术与磷酸生产深度融合，提高生产过程智能化管控水平，降低消耗、减少排放，实现绿色生产。三是加强磷石膏无害化处理。鼓励和支持磷化工企业采用水洗、焙烧、浮选、中和等磷石膏无害化处理技术，实施磷石膏不落地深度净化工艺改造。建设磷石膏无害化处理设施，逐步实现新增磷石膏堆存前达到无害化要求。按照《一般工业固体废物贮存和填埋污染控制标准》等要求，做好经无害化处理的磷石膏的储存和填埋，防止土壤和地下水污染。

在推进磷石膏综合利用量效齐增方面，一是提高现有途径利用规模。鼓励企业预处理磷石膏，降低杂质，优化品质，推动其用于水泥缓凝剂、石膏砂浆、石膏条板等建材生产，并支持其分解生产硫酸和水泥。二是开拓资源化利用新场景。推动以磷石膏为原料生产水稳基层材料等路基材料、隔音屏障、充填材料、土壤改良和生态修复材料等，并扩大在矿坑回填、井下充填等领域的应用。三是推动磷石膏高值化利用。鼓励开发、推广以磷石膏为主要原料的石膏基胶凝材料等纤维石膏，石膏

① 工业和信息化部等：《关于印发磷石膏综合利用行动方案的通知》，2024 年 4 月 3 日。

晶须等中高端产品。支持以磷石膏α高强石膏等为原料制备石膏模具等高附加值产品。推动将磷石膏基活化纳米级、微米级硫酸钙用于塑料包装箱等产品。四是提升磷石膏制品质量。建立全生命周期质量控制机制，打造知名品牌，鼓励企业技术攻关，扩大高品质利用规模。五是促进耦合发展与协同利用。推动磷化工、建材、交通等行业深度耦合，形成循环发展模式，提高磷石膏就地资源化利用效率，优化运输结构，扩大销售半径，促进跨地区协同利用。

在夯实综合利用产业发展基础方面，一是加快技术创新和产业化应用。鼓励龙头企业牵头组建创新联合体，支持建设磷石膏综合利用实验室和研究中心，加大磷石膏特性及利用机理基础研究，体系化推进磷酸绿色生产、磷石膏质量在线监测和处理、低成本除杂净化、固磷固氟、节能高效分解、大掺比利用等关键共性技术攻关。适时更新发布《国家工业资源综合利用先进适用工艺技术设备目录》。二是加强示范企业培育和示范基地建设。鼓励在磷化工企业集聚、磷石膏综合利用产品应用基础较好的地区，聚焦重点应用领域，建设一批消纳能力强、产品附加值高、工艺技术先进的磷石膏综合利用产业化示范项目。鼓励磷石膏产生地开展“无废城市”“无废园区”“无废企业”建设，培育一批制造业单项冠军企业、专精特新中小企业。深入推进云南、贵州、四川、湖北、安徽等磷石膏主要产地的工业资源综合利用基地及大宗固废综合利用基地建设，以基地为载体，带动区域磷石膏综合利用水平整体提升。三是完善标准体系。按照急用先行原则，制定磷石膏无害化处理、资源化利用等标准，加快研制相关技术标准和产品质量标准，强化标准宣贯和试点示范，引导企业规范化发展。通过这些措施，为磷石膏综合利用产业发展奠定坚实基础。

最后，《行动方案》提出三大工作保障措施。一是强化工作组织。云南、贵州、四川、湖北、安徽等地需紧密结合当地上下游产业特色，强化跨部门协同，制定并落实相关配套政策，确保磷石膏综合利用工作取得显著成效。鼓励具备条件的地区推行“以渣定产”等模式，并引导重点企业制定“一企一策”的综合利用方案，明确阶段性目标和实施路径。同时，建立综合管理平台，确保磷石膏从产生到利用、处置的全程信息可追溯。主管部门应定期汇总工作进展，确保各项措施得到有效执

行。二是加大支持力度。应充分利用现有资金渠道，支持磷石膏综合利用技术研发和项目建设。特别是在磷化工企业技术改造、磷石膏无害化处置和综合利用产品生产等领域，应给予重点支持。同时，推动磷石膏建材产品纳入绿色建材认证范围，并鼓励金融机构为相关项目提供多元化信贷支持。在人才培养、技术研发、品牌建设等方面加大投入，培育一批磷石膏综合利用领域的优质企业。三是加强宣传引导。通过多样化的宣传渠道，普及磷石膏综合利用在质量、安全、环保等方面的知识，提升公众对磷石膏资源属性的认识。发挥行业协会作用，加强技术交流，总结推广成功经验，搭建交流平台，促进政策、技术和标准的普及。同时，加强磷石膏制品的宣传推广，提高市场认可度，营造有利于磷石膏综合利用的社会氛围。

# 热 点 篇

# 第十六章 绿色园区

为贯彻落实《“十四五”工业绿色发展规划》《工业领域碳达峰实施方案》，持续完善绿色制造和服务体系，工业和信息化部办公厅于2023年7月发布了《关于开展2023年度绿色制造名单推荐工作的通知》，当前已经建设国家级绿色园区371家。

根据《绿色工厂梯度培育及管理暂行办法》，绿色工业园区是指将绿色低碳发展理念贯穿于园区规划、空间布局、产业链设计、能源利用、资源利用、基础设施、生态环境、运行管理等过程，全方位实现绿色低碳和循环可持续发展的工业园区，是绿色工厂和绿色基础设施集聚的平台。

## 第一节　2023年绿色园区创建情况

2023年12月，工业和信息化部办公厅发布《关于公布2023年度绿色制造名单及试点推行“企业绿码”有关事项的通知》，根据申报单位自愿申报、第三方机构评价、省级工业和信息化主管部门评估确认及专家论证、公示等程序，确定了2023年度绿色制造名单，本批次共有104家绿色园区入选。各省（市、自治区）及计划单列市2023年度绿色园区名单数如图16-1所示。

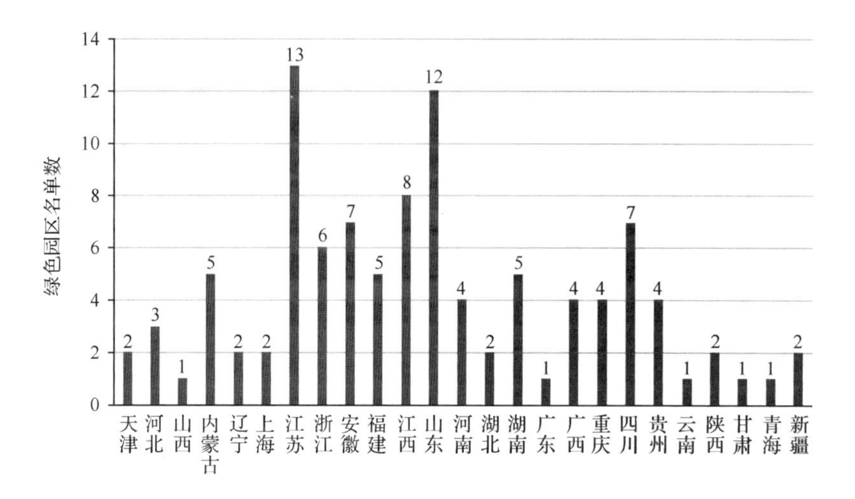


图 16-1 各省（市、自治区）及计划单列市 2023 年度绿色园区名单数

数据来源：工业和信息化部

## 第二节 2023 年绿色园区示范特点

### 一、年度入选数量创新高

2023 年绿色园区创建数量为 104 家，创造了绿色制造体系试点示范以来的最高纪录。绿色工厂申报数量呈现明显增长趋势。特别是与“十三五”时期相比，呈现倍数增长。“十三五”时期共五批示范，第一批、第二批、第三批、第四批、第五批创建数量分别为 24 家、22 家、35 家、39 家、53 家。从总量来看，绿色园区建设已经从试点逐渐走向全面建设。从省市创建数量看，也创最高纪录，以往批次绿色园区对每个省申报数量有名额要求，年度最多创建 3 家。而 2023 年度，江苏省有 13 家入选，山东省有 12 家入选，有 13 个省（自治区、直辖市）创建数量超过 3 家，可以说是区域创建的一个新突破。

### 二、动态管理成为常态

对绿色园区的动态管理成为常态，“十三五”时期，没有提出动态管理的要求。随着绿色制造体系数量越来越多，提高对绿色制造体系的管理水平成为新的要求。本批次创建通知中明确提出要对绿色制造体系名单内单位实施动态跟踪。要求国家、省、市层面绿色制造名单应按照要求通过工业节能与绿色发展管理平台填报动态管理表，上报年度绿色制造关键指标情况。建设有进有出的动态管理机制，对于监督、检查中发现存在重大及以上生产安全和质量事故、二级及以上突发环境污染事件的，要及时从各层面单中移出并进行公告，对于拒不按时填报动态管理表的、提交材料或数据存在造假等问题的单位，在发布年度名单时要予以移出并进行公告。

### 三、强调绿色工厂空间载体功能

2023 年度，要求绿色园区培育对象应当符合以下条件：一是具有法定边界和范围、具备统一管理机构的工业园区，且以产品制造和能源供给为主要功能，工业增加值占比超过 50%。二是发布园区绿色工厂培育计划，组织园区内企业开展绿色工厂创建。三是国家层面绿色工业园区创建依据《绿色工业园区评价要求》。推荐的园区应为省级以上且绿色工厂数量多、占比高的工业园区。四是园区正常经营运作，最近三年没有发生安全（含网络安全、数据安全）、质量、环境污染等事故以及偷漏税等违法违规行为，在国务院及有关部委相关督察工作中未被发现存在严重问题，没有被列入工业节能监察整改名单且未按要求完成整改。本年度的一个新特点就是绿色制造体系明确以绿色工厂为核心实施单元，绿色园区是绿色工厂和绿色基础设施集聚的平台，在绿色工业园区创建要求中，增加了绿色工厂数量多、占比高的园区优先推荐，园区需发布绿色工厂培育计划，主动组织园区内企业开展绿色工厂建设。

## 第三节　当前园区绿色低碳转型面临的挑战

我国绿色园区建设工作已经取得了显著进展，但在“双碳”背景下，园区仍面临能源结构偏煤、产业结构偏重等方面的问题，当前工业园区绿色低碳转型面临挑战。

### 一、低碳转型与发展的矛盾突出

当前，绿色发展理念已逐步深入到生产的方方面面。控碳要求限制化石能源消耗，由此带来的停产、限电等情况不利于园区内企业的发展。

特别是对于以高能耗、高排放为主导产业的园区来说，面临巨大的挑战和发展瓶颈。如何在碳排放背景下，利用产业结构调整的窗口期，提前布局应对策略，对于工业园区未来发展至关重要。低碳改造成本较高，需要企业大量投资，同样给企业经营带来压力和挑战，如何通过低碳改造实现成本收益平衡，也是工业园区管理需要思考的重要问题。

### 二、园区碳排放底数不清

当前，园区管委会与园区内企业之间多数没有严格的监管关系，园区管理机构普遍不掌握园区内企业用能情况、排放情况，园区控排数据需求与企业数据保密之间存在矛盾。另外，园区、企业层面的碳排放核算边界、核算标准和规则、核算方法学等尚没有统一的标准。园区之间难以进行比较，园区碳排放管理没有统一的统计和核算体系框架。

### 三、数字技术助力不足

数字技术是推动园区节能减碳的关键之一。在国家和各地政策引导和支持下，各地纷纷加大力度支持工业园区数字化转型，建设智慧园区。数字化正成为园区实现碳达峰碳中和目标的重要技术路径。在运行方面，数字技术能够帮助园区实现全流程的数字化管控，通过能碳管理平台，将园区企业的能耗、碳排放等数据以可视化的形式输出，提高园区能源管理水平。调查研究发现，当前数字化技术的应用处于起步阶段，存在不系统、不深入、不全面等方面的问题，数字化助力园区节能降碳的潜力亟须挖掘。

## 第四节　推动工业园区绿色低碳转型的建议

### 一、持续完善园区绿色低碳转型政策体系

针对新的发展形势、新的发展要求，梳理不同类型的工业园区在绿色低碳转型过程中存在的问题和难点，研究解决方案，完善相关政策，不断提高政策的引导和促进作用。建议研究制定面向“十五五”的《工业园区绿色低碳发展指导意见》等专项政策，提出“十五五”时期工业

园区绿色低碳转型的路径和举措。鼓励地方结合碳达峰、碳中和目标，以及各地实际情况，有针对性地出台地区政策。

## 二、建立完善园区绿色低碳发展水平评价体系

当前，园区绿色低碳发展评价体系尚不完善，特别是针对“双碳”目标，如何去评价当前园区绿色低碳水平事关未来推进重点和发展方向的确定。首先，需要探索建立工业园区碳排放统计制度、核算方法学。研究编制工业园区碳排放核算指南，明确工业园区碳核算统计标准体系。其次，针对不同类型园区研究制定绿色低碳综合评价体系。最后，强化评价结果的应用，根据评价结果，制定不同类型园区绿色低碳转型战略、路径和支持政策。

## 三、实施零碳园区建设试点

在绿色园区示范单位中，选择碳达峰、碳中和基础较好的园区开展零碳示范园区试点示范，探索零碳园区建设典型模式，为我国工业园区全面走向碳中和提供经验借鉴。鼓励各地给予零碳园区更多的发展自主权和管理权，积极推动各园区绿色低碳转型体制机制创新，着力开发园区间的共生关系，强化园区协同发展机制，探索跨园区合作，有序推动产业转移和生产要素流动。

## 四、推动建设园区数字化碳管理平台

园区绿色低碳转型离不开数字技术的赋能。以数字化碳管理平台为抓手，推动园区绿色低碳转型，重点是为园区企业提供有效的数字化服务。主要服务内容包括企业碳资产管理、产品碳足迹核算与认证、碳资产交易以及绿色金融服务等方面。企业节能减碳第一步是厘清自身的碳排放量，依据国家或地方的核算标准，为企业提供在线碳盘查工具，降低企业碳盘查门槛。提供碳监测管理服务，以及碳监测功能，对接能耗数据，实时计算碳排放量，对碳排放量出现异常情况及时预警。在每年履约期前，为企业推荐最优履约策略，帮助企业以最低的成本履约。

第十七章

# 绿色工厂

## 第一节　绿色工厂创建情况

### 一、绿色工厂的提出背景

2015 年 5 月，我国正式提出绿色工厂的概念，明确要求“建设绿色工厂，实现厂房集约化、原料无害化、生产洁净化、废物资源化、能源低碳化”。根据《工业和信息化部办公厅关于开展绿色制造体系建设的通知》（工信厅节函〔2016〕586 号）对绿色工厂的定义，绿色工厂是指全生命周期中环境负面影响小，资源利用率高，实现经济效益和社会效益的优化。绿色工厂是制造业的生产单元，是绿色制造的实施主体，属于绿色制造体系的核心支撑单元，侧重于生产过程的绿色化。加快建设具备用地集约化、生产洁净化、废物资源化、能源低碳化等特点的绿色工厂，对解决制造业环境污染，由点及面引领行业和区域绿色转型，进一步构建高质量绿色制造体系具有重要意义。

### 二、绿色工厂的评价要求[①]

制造工厂的生产活动均可归结为在一定的基础设施之上，依据工厂

① 《工业和信息化部办公厅关于开展绿色制造体系建设的通知》（工信厅节函〔2016〕586 号）。

的管理体系要求将能源与资源投入生产制造，输出产品、并造成一定的环境排放的过程，整个过程最终产生总体绩效。绿色工厂应在保证产品功能、质量以及制造过程中员工职业健康安全的前提下，引入生命周期思想，满足基础设施、管理体系、能源资源投入、产品、环境排放、绩效的综合评价要求。

绿色工厂首先应满足一定的基本要求，包括其基础合规性与相关方要求、对最高管理者及工厂的基础管理职责要求等。在此基础上，绿色工厂的建设与评价从工厂基础设施、管理体系、能源与资源投入、产品、环境排放、总体绩效六个维度提出全面系统的要求，包括 6 个一级指标和 25 个二级指标。其中，基础设施、管理体系、能源与资源投入、产品、环境排放包含了绿色工厂创建过程特征的一系列定性或定量指标，其结果是绿色工厂可持续满足要求的保障。绩效是表征创建绿色工厂期间所达成的效果的一系列定量指标，按照上述绿色工厂创建原则和目标，以用地集约化、原料无害化、生产洁净化、废物资源化、能源低碳化的可量化特征指标来表示。绿色工厂评价指标如表 17-1 所示。

**表 17-1　绿色工厂评价指标**

| 一级指标 | 二级指标 | 具体内容 |
| --- | --- | --- |
| 基础设施 | 建筑 | 使用绿色建材、危废间独立设置、绿色建筑结构、室外绿化、可再生能源利用、建筑节能、节水等 |
| | 照明 | 照明分级设计、自然光照明、使用节能灯、分区照明、定时自动调光、感应灯 |
| | 设备设施 | 淘汰落后设备、使用高效节能设备、设备及系统经济运行、使用计量器具并分类计量、投入环保设备 |
| 管理要求 | 一般要求 | 工厂建立、实施并保持满足 GB/T 19001—2016 要求的质量管理体系和满足 GB/T 28001—2019 要求的职业健康安全管理体系（必选），并通过第三方认证（可选） |
| | 环境管理体系 | 工厂建立、实施并保持满足 GB/T 24001—2016 要求的环境管理体系（必选），并通过第三方认证（可选） |
| | 能源管理体系 | 工厂建立、实施并保持满足 GB/T 23331—2020 要求的能源管理体系（必选），并通过第三方认证（可选） |
| | 社会责任 | 每年公开发布社会责任报告，说明履行利益相关方责任的情况，特别是环境社会责任的履行情况 |

续表

| 一级指标 | 二级指标 | 具体内容 |
| --- | --- | --- |
| 能源资源投入 | 能源投入 | 优化用能结构（化石能源、余热余压、新能源、可再生能源）、建设能源管理中心、建有厂区光伏电站、智能微电网 |
| | 资源投入 | 节水、节材、减少有毒有害物质使用、使用可回收材料、减少温室气体的使用 |
| | 采购 | 建立实施绿色采购制度、开展供方绿色评价、采购产品绿色验收 |
| 产品 | 生态设计 | 引入生态设计的理念、开展产品生态设计、生态设计产品评价 |
| | 有害物质使用 | 有毒有害物质减量化和替代 |
| | 节能 | 终端用能产品高能效（不适用） |
| | 减碳 | 碳核查、对外公布、改善、低碳产品 |
| | 可回收利用 | 按照GB/T 20862—2007计算产品可回收利用率、改善 |
| 环境排放 | 大气污染物 | 应符合相关国家标准、行业标准及地方标准要求。其中，大气和水体污染物应同时满足区域内排放总量控制要求 |
| | 水体污染物 | |
| | 固体废弃物 | |
| | 噪声 | |
| | 温室气体 | 采用GB/T 32150—2015或适用的标准或规范对其厂界范围内的温室气体排放进行核算和报告（必选）。获得温室气体排放量第三方核查声明，对外公布，利用核算或核查结果对其温室气体的排放进行改善（可选） |
| 绩效 | 用地集约化 | 容积率、建筑面积、单位用地面积产值（或单位用地面积产能） |
| | 原料无害化 | 主要物料的绿色物料使用率 |
| | 生产洁净化 | 单位产品主要污染物产生量、单位产品废气产生量、单位产品废水产生量 |
| | 废物资源化 | 单位产品主要原材料消耗量、工业固体废物综合利用率、废水处理回用率 |
| | 能源低碳化 | 单位产品综合能耗、单位产品碳排放量 |

资料来源：赛迪智库根据公开资料整理。

## 三、绿色工厂的创建成效

“十三五”以来，工业和信息化部持续推进绿色制造体系建设。截至2023年年底，累计创建国家级绿色工厂5095家，产值占制造业总产值的比重超过17%。

从地域分布来看，东部地区是绿色工厂创建的主阵地，数量占全国比例为51%；中部地区占全国比例为30%；西部地区占全国比例为19%。

从行业分布来看，钢铁、有色金属、石化化工、建材、纺织、轻工、机械等重点行业绿色工厂占比约为80%。

## 第二节 绿色工厂典型案例

### 一、衢州华友钴新材料有限公司

衢州华友钴新材料有限公司致力于钴新材料的生产与研发，已具备年产3.5万吨钴（金属量）、22万吨镍（金属量）、1.5万吨铜（金属量）的产能，主要产品有电池级四氧化三钴、高纯钴化学品、硫酸镍、金属铜等，2017年获得工业和信息化部认定的第一批“国家级绿色工厂”。

#### （一）提高能效实现生产用能减量化

实施高效压缩空气系统低碳数字化运营项目，通过空压智能云端控制软件调配空压运行方式，构建全面的云能源监控系统，对于供应状况、设备状况、能耗状况、能源效率、维保状况等都进行全面的监控，达到降低能耗的目的。项目实施后，年节约用电888万千瓦时，减少二氧化碳排放5064吨。实施高温烟气余热回收项目，通过增加换热器、引风机，改造排烟管道、钴液进出管道等方式，对余热进行回收利用，用于加热洗水或预热溶液，达到余热回收和碳减排的目的。项目实施后，每年可减少二氧化碳排放1266.3吨。

#### （二）工艺技术创新推动生产绿色化

优化四氧化三钴煅烧工艺。通过不断调整工艺参数，将原两台回转窑并联使用，实现在一台回转窑内完成碳酸钴煅烧成四氧化三钴的生产过程，同时通过改造高温布袋除尘器，把PDFE附膜的布袋改成金属膜滤筒，解决除尘器跑粉问题。项目实施后，产能提升25%，单位产品能耗降低15%，年节约用电644万千瓦时，减少二氧化碳排放3673吨。

MVR 蒸发结晶技术应用改造，利用风扇增压器对二次蒸汽加压的过程中电能转化为蒸汽热能的原理，采用 MVR 蒸发结晶技术降低蒸汽消耗，实现蒸汽消耗量降低 85%，年节省蒸汽 65775 吨，减少二氧化碳排放 21765 吨。

### （三）绿色物流减少运输环节碳排放

实施华友衢州产业园烧碱通道项目，与供应商共同建设华友衢州产业园烧碱管道，为园区新增 190 吨/小时的烧碱输送能力，有效缓解公司罐车运输压力。项目实施后，烧碱由原来的罐车运输改为管道运输，实现年减碳量 300 吨。实施华友衢州产业园硫酸管道项目，硫酸管道的开通使硫酸保供时间由原来的 2 天延长至 15 天，极大增强了园区生产辅料的保供能力。项目实施后，硫酸由原来的罐车运输改为管道运输，每年减少二氧化碳排放 6500 吨。

## 二、韩泰轮胎有限公司

韩泰轮胎有限公司主要生产性能优越的轿车用子午线轮胎，为大众、奥迪、奔驰、宝马、特斯拉等 30 多个汽车品牌、40 多家汽车主机厂、近百款车型提供配套服务，2019 年获得工业和信息化部认定的第四批“国家级绿色工厂”。

### （一）智慧能源管理系统开发应用

构建全面、精确的数字化信息系统，下设有生产管理、设备信息管理、智慧能源管理、智能办公、仓库管理等应用系统，其中 H-EMS 能够解决公司能源管理人工统计工作量大、统计误差、能源信息和生产信息无法关联等痛点问题，将在线能耗数据采集和生产管理系统各生产环节实时的产量数据进行融合，做到横向对比、纵向对标。自从智慧能源系统上线后，单位产品能耗每年下降 2%～4%，节约标煤约 2000 吨。

### （二）借助设备监控诊断及时更新改造异常设施

采购先进的可视化泄漏诊断仪，通过对压缩空气系统用能监控，对泄漏严重的设备进行逐台点检修复，实现空压机能耗的不断下降，较

2020年空压机电耗下降560万千瓦时，节约标煤1590吨。引进1级能效的变频节能空压机替代落后空压机，效率提升约22%。进行空压机自动控制系统改造，由原先的人工启停空压机变为根据现场压力、流量需求自动调节空压机负荷，空压站系统整体能耗下降 2.8%。购置冷冻机冷凝器自动清洗装置，通过智慧能源的冷冻机效率监控，确保冷冻机持续高效率运行，实施后效率提升约12%，年节约标准煤280吨。

### （三）开展制造工艺和生产设备研发，积极革新生产技术

实施静音产品技术升级及配套落后电机变压器改造，主要采用降低轮胎空腔噪声消音处理技术，购置并安装具有国际先进水平的3台喷涂及贴海绵设备、4台激光清扫设备、2套轮胎全自动堆垛/拆垛设备系统、1台SCB14节能型变压器，项目实施进一步提升了高端产品性能，以适应新能源汽车降噪需求，完成后每年增加产值约2.5亿元，节约标煤594吨。

## 三、福莱特玻璃集团股份有限公司

福莱特玻璃集团股份有限公司主要产品涉及太阳能光伏玻璃、浮法玻璃、工程玻璃、家居玻璃四大领域，并涉及太阳能光伏电站的建设、石英岩矿开采、智能化设备制造，形成了比较完整的产业链，2023年获得工业和信息化部认定的第八批“国家级绿色工厂”。

### （一）蒸汽余热余能回收，实现能源梯级利用

根据窑炉烟气的品质、配置的合理性和投资的经济性，在玻璃窑窑尾烟气出口与烟囱之间增设余热锅炉，将窑炉富余的烟气通过换热锅炉进行余热利用，锅炉产生的过热蒸汽送入12 MW的凝汽式汽轮发电机组做功发电，实现能源梯级利用，提高产品竞争能力。

### （二）采用大熔窑工艺节能技术，实现绿色低碳制造

为解决现有玻璃窑炉存在单窑熔化量低、单窑能耗高、燃料费用高、反应物环保处理工序复杂的问题，自主研发低能耗高熔量玻璃熔窑技术和氢能替代技术，其中，低能耗高熔量玻璃熔窑技术通过优化窑炉核心

结构建立长寿命、低能耗、高熔量的玻璃熔窑，使日熔量从1200吨提升至1350吨，能耗降低15%～20%；氢能替代技术，通过使用氢能源，使窑内燃烧充分，无硫、氮氧化物等污染物排放。

### （三）分布式光伏+技改，深挖“增节降”潜力

运用“自投自建自发自用”模式，建设分布式光伏电站，项目建成后，年发电量超1200万千瓦时，可减少二氧化碳排放6800吨以上。同时，结合生产实际，通过淘汰老旧设备、锅炉风机节能改造和锅炉水泵及凝结水泵节能改造等措施对自身能源结构进行优化，挖掘节能降耗潜力，从而减少能源使用，提高能源使用效率，实现能源结构转型。

### （四）建设智慧能源体系，加强节能监察和诊断

研发打造以SAP、MES、CRM、运输调度、智慧能源等系统为核心的光伏玻璃智能制造综合信息化平台，从能耗数据跟踪、重点用能设备建模、主要用能指标分析、用能异常预警和反馈等各方面，实现能耗数据全方位展示、跟踪和有效分析、预警和反馈的机制。

# 第十八章 绿色供应链

2023年，200多家企业成为国家级绿色供应链管理企业。CITI指数十年评价，展示了我国绿色供应链建设取得的重要进展。在链主企业的引领带动下，供应链上企业绿色发展水平不断提升。

## 第一节 2023年国家绿色供应链创建情况

2023年7月，工业和信息化部发布了《关于开展2023年度绿色制造名单推荐工作的通知》，要求各地方按照《工业和信息化部办公厅关于开展绿色制造体系建设的通知》（工信厅节函〔2016〕586号）明确的推荐程序，按照“优中选优、宁缺毋滥”的原则，组织本地区企业开展申报工作，遴选确定本地区包含绿色供应链管理企业为建设内容之一的绿色制造推荐名单，这也是自2016年启动绿色制造体系建设以来开展的第八批遴选。

### 一、第八批绿色供应链管理企业评价标准

在2023年7月发布的绿色制造名单推荐工作的通知中，明确要求三个行业（电子电器、机械、汽车）根据2019年已经发布的《电子电器行业绿色供应链管理企业评价指标体系》《机械行业绿色供应链管理企业评价指标体系》《汽车行业绿色供应链管理企业评价指标体系》进行自评价和第三方评价。其他暂时没有对应行业评价指标体系的行业，仍然参照《工业和信息化部办公厅关于开展绿色制造体系建设的通知》

（工信厅节函〔2016〕586 号）附件 3 绿色供应链管理评价要求设定的指标体系进行评价。

### 二、第八批绿色供应链管理企业入选情况

工业和信息化部公布的 2023 年第八批绿色供应链管理企业共 205 家，比上年增加 93 家。覆盖 23 个省市自治区和 4 个计划单列市，其中北京市有 4 家企业入选，天津市 7 家企业，河北省 2 家企业，内蒙古 1 家企业，吉林省 1 家企业，黑龙江省 3 家企业，上海市 3 家企业，江苏省 34 家企业，浙江省 31 家企业，安徽省 17 家企业，福建省 3 家企业，山东省 20 家企业，河南省 11 家企业，湖北省 1 家企业，湖南省 11 家企业，广东省 20 家企业，广西壮族自治区 1 家企业，重庆市 10 家企业，四川省 1 家企业，贵州省 3 家企业，陕西省 4 家企业，青海省 1 家企业，新疆维吾尔自治区 1 家企业，青岛市 6 家企业，宁波市 3 家企业，厦门市 3 家企业，深圳市 3 家企业。

### 三、绿色供应链管理企业创建总体情况

截至 2023 年年底，我国共开展了八批国家级绿色供应链管理企业评选。总体看，参与绿色供应链管理创建申报的企业逐年增加，公布的绿色供应链管理企业数量也逐年创新高，从第六批开始破百家纪录，目前国家层面绿色供应链管理企业 605 家，带动地方累计创建省市级绿色供应链管理企业近 200 家。

国家层面绿色供应链管理企业从最初聚焦的汽车、电子电器、通信及大型成套装备机械等行业拓宽到全部行业。绿色供应链管理企业作为链主企业带动了供应链上的更多供应商提升绿色发展意识和绿色制造能力，积极创建绿色工厂，打造了我国制造业绿色增长新动能。

## 第二节　IPE 发布 2023 年绿色供应链 CITI 指数

### 一、绿色供应链 CITI 指数简介

公众环境研究中心（IPE）发布了绿色供应链 CITI 指数 2023 年度

报告。绿色供应链 CITI 指数最早于 2014 年由 IPE 和自然资源保护协会（Natural Resources Defense Council，NRDC）合作研发。自 2014 年发布以来，IPE 连续十年开展 CITI 指数评价。2023 年 CITI 指数以品牌企业为评估对象，对五个方面进行评估，这五个方面分别是透明与沟通、合规性与整改行动、延伸绿色供应链、节能减排和推动公众绿色选择。CITI 指数重点关注供应链，特别是产品生产和上下游运输环节对环境和气候的影响，以及企业如何推动供应商提升环境表现，降低温室气体排放，开展环境和碳信息披露、构建与利益方的信任。2023 年评价指南的核心变化是绿色设计、生产者责任延伸相关指标的权重增加，CITI 指数参评的行业数量 22 个，比 2014 年首次评价时行业数量增加了 14 个；参评的企业数量 742 家，比 2014 年增加 595 家。在连续 10 年的绿色供应链 CITI 指数动态评价过程中，参评行业和企业数量都逐年提升。

## 二、2023 年绿色供应链 CITI 指数排名

2023 年 CITI 评价结果中，排在首位的品牌是 Levi's，前十位的品牌除了 Levi's，依次还有阿迪达斯、INDITEX、思科、彪马、耐克、VF、富士康、Primark 和 New Balance。

行业比较看，被评价的 22 个行业绿色供应链管理的整体表现差距较小。在 TOP 50 中占据绝对优势的纺织与皮革、IT/ITC 行业平均分 20 分左右，行业整体有很大提升空间。最高分与平均分均处于较低水平的餐饮、医药、啤酒、白酒、自行车/助力车、家装等行业相对落后，亟待提升。

区域比较看，欧美企业在最高分和平均分上均相对领先，亚太地区（除大中华区）参评企业处于平均水平，但最高分与北美、欧洲差距较明显。大中华区高分企业，如富士康、立讯精密、鹏鼎控股、华为、联想等与欧美企业得分差距很小，但整个区域企业整体平均水平与其他区域还有较大差距，说明相当数量的企业供应链环境管理有待加强。

## 三、从 CITI 指数变化看十年来绿色供应链进展

十年来，CITI 指数反映出我国绿色供应链建设取得重要进展。一是

绿色理念不断深入。十年间公开披露供应链环境管理范畴从1级直接供应商延伸至2级或更上游原材料等供应商的企业数量，从22家增至97家。尤其是纺织企业基本能将环境管理延伸至染整、水洗环节，IT企业大部分已延伸至电路板、连接器等制造环节。二是供应链信息披露量均有提升。推动供应商环境信息公开披露的采购企业数量从2014年的40家增至2023年的102家。三是供应链越来越透明。2015年CITI指数首次增加供应链透明度指标。从那时起至今，公开披露供应商名单的企业数量从2015年的9家增加至174家。四是气候行动成为供应链关注重点。2023年14.4%的企业与上游高碳排放原材料供应商开展能效提升、低碳技术创新等减排项目合作。

## 第三节　绿色供应链典型案例

企业积极参与创建绿色供应链管理企业的过程中，涌现出一批绿色供应链管理优秀企业，这些企业充分发挥供应链上链主企业的作用，遵循产品全生命周期理念，在绿色设计、绿色采购与供应商管理、产品回收再利用、生产者责任延伸等方面形成了许多行之有效的亮点做法，有力带动了全行业的绿色发展，提升了供应链上整体环境绩效。

### 一、奇瑞汽车股份有限公司

#### （一）公司概况

奇瑞汽车股份有限公司（以下简称“奇瑞汽车”）创建于1997年，是国内最早突破百万销量的汽车自主品牌，也是最早将整车、CKD散件、发动机以及整车制造技术和装备出口至国外的汽车企业。奇瑞汽车业务遍布全球80多个国家和地区，2023年奇瑞销售汽车188.1万辆，其中出口超过93.7万辆。截至2024年10月奇瑞累计全球用户1500万，连续21年位居中国品牌乘用车出口第一。奇瑞汽车还建立了包括北美、欧洲、上海等六大研发中心在内的全球研发体系，多次获得“国家科学技术进步一等奖”，被授予国家级“创新型企业”。

### （二）主要亮点工作

践行可持续发展理念。汽车供应链的可持续发展涉及面广且复杂，奇瑞汽车通过应用环保材料和绿色节能低碳技术，推广循环经济模式，提高资源能源效率，组织开展供应商技术展、管理下探对一级二级三级供应商进行垂直管理，建立合作伙伴等措施，实现可持续发展。

与供应商共建绿色生态圈。奇瑞汽车一直坚持把绿色低碳放在企业发展首位，围绕汽车全生命周期进行绿色设计，从原材料选择开始与供应商密切合作，共同打造绿色生态圈。2023 年 12 月，宝钢股份与奇瑞汽车正式签署《打造绿色低碳钢铁供应链合作备忘录》，明确了双方在绿色低碳钢铁材料研发、应用方面的意向和行动措施。根据协议，2024 年奇瑞汽车现有量产车型的原材料是减碳约 30%的低碳排放绿钢（BeyondECO®-30%），2026 年增至减碳超过 50%的低碳排放绿钢（BeyondECO®-50%），之后应用减碳超过 80%的低碳排放绿钢（BeyondECO®-80%）。

将技术创新作为绿化供应链的重要抓手。奇瑞汽车将技术创新作为供应链绿化的推动力，不断加大研发投入，突破关键核心技术，储备新技术。2023 年奇瑞汽车发布第三代混动“鲲鹏超级性能电混 C-DM”，凭借热效率超 44.5%、续航里程远超 1000 千米、超越同级的百千米加速能力等众多优势遥遥领先，开启了新能源车型布局的全新时代。

数字化赋能绿色供应链管理。奇瑞汽车开始向 ICT 龙头企业看齐，逐步健全“看风险、看运营、看资讯、看业务、看异常、看任务”六看，推动主机厂和供应链伙伴协同的供应链数字化系统建设，打造端到端互通的智慧供应链，实现供应链信息共享，同频共振。

## 二、晨风（江苏）服装有限公司

### （一）集团概况

晨风（江苏）服装有限公司（以下简称“晨风”）成立于 2001 年 12 月，注册资本 3 亿元，在江苏省常州市金坛区分别设有研发分公司和华城服装厂，有员工 3000 多名。产品主要是成衣，与优衣库、Patagonia、COS、Theory、CK、Adidas 等十多个世界知名品牌形成了

稳定的合作关系，产品主要向欧美国家出口，比如美国、英国、法国、德国等国。晨风是国际可持续服装联盟（SAC）成员，被评为“中国质量诚信企业”“中国服装优质制造商”。

## （二）主要亮点工作

搭建三大平台推动行业供应链向时尚品牌绿色科技迈进。晨风紧紧把握服装行业特点，同北京服装学院、东华大学、中国服装协会合作，建立了北京服装学院晨风时尚产业园，东华大学晨风时尚产业实践学院，服装行业优质时尚创新展销平台——时尚工园（优质供应商联盟）。通过三个不同定位的平台建设，在服装设计、科技研究、环境生态化和新时尚展示方面同行业供应链上更多企业一起分享可持续发展的经验。其中时尚工业园平台有效推动了纺织服装行业供应链向设计+创新+品牌+绿色+科技转型。

建设了最先进的绿色化、自动化、智能化成衣流水生产线。晨风紧紧把握当前世界服装生产要求的先进趋势，在厂房建筑照明、生产设备设施、消防安全、污染物处理、产品等方面进行绿色设计，配备建设了国内外一流水平的生产设备、厂房环境，特别是具有目前国内最完善、最先进的成衣流水线。根据现场调研及企业提供的资料，车间内全部设备台套数4500台套，其中自动化、智能化生产、试验、检测等设备2700台套，占车间设备台套的60%，涵盖全自动拉布机、自动验布机、法国力克裁床、自动送扣装置、智能吊挂系统等智能设备。企业2017年引进服装吊挂流水线系统后，制造效率提升了15%。

引领推动行业开展气候行动实现低碳转型。晨风接受中国纺织工业联合会社会责任办公室的邀请，成为签署联合国UNFCCC《时尚产业气候行动宪章》的首家中国企业，承诺加入中纺联“时尚气候创新2030行动”，共同发起时尚气候创新基金，成为首家联合发起时尚气候创新基金的企业。发挥龙头企业引领带动作用，实施“气候领导力项目”，推动供应链上的企业共同开展气候行动，实现低碳转型。

# 第十九章 绿色建材

绿色建材产品是指在全生命周期内，资源能源消耗少，生态环境影响小，具有“节能、减排、低碳、安全、便利和可循环”特征的高品质建材产品。绿色建材的发展已成为建材工业转型升级的引领方向，也是供给侧结构性改革的关键路径，为城乡建设绿色化及美丽乡村建设提供了坚实支撑。近年来，我国绿色建材产业蓬勃发展，生产规模持续扩大，质量效益显著提升，同时其推广力度不断加强。这一趋势不仅是新时代生态文明建设的重要实践，也是推动城乡建设绿色转型、促进建材行业高质量发展的关键举措。绿色建材的推广，不仅助力节能降耗、清洁生产，加速建材工业转型，还丰富了绿色产品供给，完善了绿色市场体系，对改善生态环境、发展循环经济、推动城乡建设绿色高质量发展具有深远意义。为积极响应碳达峰碳中和目标，2023 年 12 月，工业和信息化部联合多部门发布了《绿色建材产业高质量发展实施方案》，为绿色建材产业未来数年的高质量发展绘制蓝图，为新型工业化进程注入强劲动力。

## 第一节　监管体系和标准定义

监管体系方面，在中央部委层面，市场监管总局、住房城乡建设部和工业和信息化部三部门设立绿色建材产品标准、认证、标识推进工作组，建立了国家层面的工作协调机制，协调出台了《关于推动绿色建材产品标准、认证、标识工作的指导意见》等一系列政策文件，共同推进了政府采购支持绿色建材促进建筑品质提升试点工作和绿色建材下乡活动等一系列重点工作。在推进组的指导下，组建了绿色建材产品认证技术委员会，下设专业工作组，负责政策咨询和技术支撑。搭建了基于诚信监管、数据协同化的全国绿色建材认证（评价）标识管理信息平台。在地方政府层面，河北、广东等重点省市也积极推进，建立了本省的协调推进机制。河北省由市场、住建、工信组成河北省绿色建材产品认证推进工作组，负责指导协调全省绿色建材产品认证及推广应用工作，依托省内相关科研院所和认证机构成立河北省绿色建材产品认证推进技术委员会。

标准定义方面，住房城乡建设部科技与产业化发展中心牵头确立绿色建材标准体系，分四批立项了185项绿色建材评价CECS团体标准，组织逾百家单位完成了51项标准的编制任务。该系列标准贯穿产品全生命周期，融合节能、减排、安全、便利与可循环五大核心要素，兼顾消费偏好与行业高标准，创新性地构建资源、能源、环境、品质四维评价体系。标准已作为技术依据在绿色建材产品认证中采信，为保证绿色建筑的建造品质，实现建材高质量发展，以及产品认证合法合规开展提供重要的技术依据。在标准指标基础上，各地、各部门拓展绿色建材评价标准应用，形成了区域化技术规范。雄安新区发布了涉及41种建材产品和设备的《雄安新区绿色建材导则（试行）》。财政部、住房城乡建设部已于2020年发布《绿色建筑和绿色建材政府采购基本要求（试行）》。

## 第二节　产品供给和推广应用

产品供给方面，随着认证开展后评价范围的扩大和认证机构数量的增加，绿色建材产品供给数量得到了快速增长。据全国认证认可信息服务平台信息，截至2024年3月底，绿色建材产品认证证书数量总计已达7795张，较2023年12月末增长8.31%，获证企业4002家，较2023年12月末增长7.03%。绿色建材评价认证实施过程中，将产品碳足迹分析、产品环境影响声明作为环境属性的关键评价指标，推动了高性能混凝土及天然砂石骨料替代技术与产品、高性能门窗、节能玻璃等十大绿色建材低碳技术与产品。全面推广绿色建材，经科学测算，在当前生产应用规模下，可显著降低碳排放，生产环节减排超 4800 万吨，使用环节则减少近 1300 万吨，对“碳达峰、碳中和”目标的实现贡献显著。为加速这一进程，绿色建材选用要求已纳入多项政策标准，如《绿色建筑评价标准》与《绿色建造技术导则（试行）》，优先应用于绿色建筑及装配式建筑项目，政府投资工程更是率先垂范。财政部与住建部携手，在绍兴等六城试点政府采购支持绿色建材，从源头促进建筑品质升级，不仅探索了绿色建材在政府采购中的应用模式，还积累了从标准制定到项目落地的宝贵经验，并持续完善配套政策，助力绿色建材产业的蓬勃发展。目前，试点城市已经推动了 209 个政府采购工程优先采购获证绿色建材，货值达 400 亿元。通过工业和信息化部等 6 部门绿色建材下乡活动也已选择浙江等 7 个试点地区开展下乡活动。

## 第三节　绿色建材推广路径和应用情况

各地政府积极响应中共中央和国务院的号召，多个省市和地区相继出台推进绿色建材发展的相关政策文件，结合地方实际，南京等城市利用政府采购政策，加速绿色建筑与绿色建材应用，提升建筑品质，探索有效推广模式，积累可复制经验。北京则在城市副中心等重点工程上，要求预拌建材达三星级标准，并将绿色建材比例纳入高标准住宅政策，积极开展绿色建材推广的多样探索，促进产业绿色发展。综合相关城市在利用政策工具，推进绿色建材应用方面取得的成绩，此处选择南京和北京两座城市，介绍其绿色建材应用基本情况。

### 一、南京市基本情况

在绿色建材推广路径方面，南京市在绿色低碳建材应用领域布局起步较早，于 2010 年开始体系化推进绿色建材应用，并协同推进建筑行业的节能环保和绿色低碳转型发展。在 2020 年 10 月被确定为政府采购支持绿色建材促进建筑品质提升试点城市前后，南京市密集出台绿色低碳建材政策，围绕试点工作开展市内建设试点项目，并协同规范和推进绿色建材应用进程，形成“以试点项目为指引范式和以绿色建材的认定、评估和入库为推广体系”的双轴推进模式，全面推进绿色低碳建材应用。

主要覆盖以下四项工作重点：一是开展市内建设试点项目。南京市在国内率先推进绿色建材建设试点项目，于 2021 年 3 月确定第一批市内建设试点项目，并逐步完善试点项目认定和推进流程。协同推进试点工作研究成果深化，致力于形成绿色建材现场抽检方法研究等研究报告，促进绿色建材长效发展。二是明确绿色建材范围。研究制定了《南京市政府采购绿色建材（第一批）技术要求》，确定绿色建材产品种类、范围和采信标准，将绿色建材的概念具体化、指标化。三是注重设计把控，推进项目实施管理。制定《南京市政府采购绿色建材试点项目施工图设计与审查指南（试行）》等规范，推进绿色建材在项目上落地。发布《南京市政府采购支持绿色建材试点项目管理和引导扶持办法》，具化项目实施要求，注重政策激励。发布《南京市政府采购支持绿色建材试点项目抽检办法》，规范绿色建材的指标化监督流程。四是把握应用比例核定。发布《南京市绿色建材应用比例评估计算方法（V1.0 版）》，明确绿色建材占比核定标准和测算依据。

在绿色建材应用方面，为深入推进政府采购支持绿色建材试点工作，探索建筑领域“碳达峰”路径，南京市登记并发布 205 家企业共 471 种绿色建材产品。本地企业 101 家 239 种产品，外地企业 104 家 232 种产品。确定了包括政府投资、企业自建项目在内的试点项目共计 39 个，总建筑面积 438 万平方米，总投资 367 亿元。

## 二、北京市基本情况

在绿色建材推广路径方面，北京市高度重视绿色建材在北京市的生产和应用。北京市住建委 2016 年发布了《关于北京市绿色建材评价标识管理有关工作的通知》（京建发〔2016〕82 号），北京市住建委、经信委成立北京市绿色建材推广和应用协调组，设立北京市绿色建材推广应用办公室。其后，开展了预拌混凝土三星级、预拌砂浆一至三星级开展绿色建材的试评价工作，并规定北京城市副中心等重点工程所使用的预拌混凝土、预拌砂浆须获得三星级标识。这些举措极大地促进了预拌混凝土和预拌砂浆标识评价工作的开展。自绿色建筑评价工作启动，北京市率先将获得绿色建材评价标识的产品纳入北京市地方标准《绿色建筑评价标准》DB11/T825—2016 中在创新项予以加分，成为我国首部实现绿色建材评价与绿色建筑评价有效衔接的标准。这一做法在《绿色建筑评价标准》（GB/T 50378—2019）中也进行了借鉴。此外，《北京工程造价信息》也增加了“建筑产品厂家价格参考信息”专栏，登载满足条件的绿色建材，供市场主体参考。2021 年北京市贯彻落实党中央、国务院“房住不炒”的定位及“稳房价、稳地价、稳预期”决策部署，北京市土地公开出让开始采用“竞地价+竞政府持有商品住宅产权份额+竞高标准商品住宅建设方案”方式供地。其中，《高标准商品住宅建设方案评审内容和评分标准》中明确将绿色建材应用作为宜居技术应用的一项组成技术，纳入评分范围。提出了“采用通过三星级绿色建材认证的预拌混凝土、预拌砂浆、保温材料、建筑门窗、防水卷材、防水涂料”，以及“住宅小区内道路、园林绿化等公共设施项目建设所用路面砖、植草砖、道路无机料、路缘石等 100%使用建筑垃圾再生产品”两方面的具体要求。

在绿色建材应用方面，北京市本地生产企业现获得绿色建材产品认证证书共计 116 张，其中，以本地供应为主的预拌混凝土企业 60 张，预拌砂浆 12 张，预制构件 16 张，基本覆盖了全市主要预拌混凝土生产企业。墙体材料、保温材料和防水材料的产地以河北为主，其相关产品的绿色建材证书获证总量也分别达到 7 张、30 张和 64 张。

北京市把大力提高装配式建筑比例和推广超低能耗建筑作为建筑领域节能减碳的重要内容，截至 2024 年，北京市累计推广超低能耗建筑超 150 万平方米。到 2025 年，新建装配式建筑占新建建筑比例将达 55%；累计推广超低能耗建筑规模力争达到 500 万平方米，助力北京“双碳”目标实现。

# 展　望　篇

第二十章

# 主要研究机构预测性观点综述

## 第一节　国际能源署：《推进清洁技术制造》

2024 年 5 月，国际能源署发布《推进清洁技术制造》报告，该报告是应 2023 年七国集团（G7）国家领导人要求而编写，旨在为决策者提供一套分析工具，用以制定和评估其清洁技术制造战略。报告特别聚焦五种关键的清洁能源技术：太阳能光伏、风能、动力电池、电解槽和热泵。该报告的主要观点概述如下。

### 一、清洁技术正成为制造业的焦点

制造业长期以来一直是经济增长和发展的引擎，正日益成为能源、气候和经济政策考虑的重点。各国正致力于充分利用清洁技术制造所带来的益处，以增强经济安全，创造就业机会，并提升清洁能源转型的稳定性。清洁技术制造的投资正日益凸显其重要性，并开始在全球宏观经济数据中占有一席之地。2023 年，该投资领域占全球各经济部门总投资的 0.7%左右，其投资额已超过钢铁等传统产业（占比 0.5%）。从经济增长贡献的角度来看，清洁技术制造的贡献更为显著：在 2023 年，清洁技术制造对全球 GDP 增长的贡献率约为 4%，占全球投资增长的近 10%。

## 二、近期投资激增的势头有望继续

报告中首次进行的全新分析显示，2023 年清洁技术制造业的投资额约为 2000 亿美元，与 2022 年相比增长了 70%以上。太阳能光伏和电池制造厂的投资引领了这一趋势，两年内合计占总投资的 90%以上。2023 年，太阳能光伏制造业的投资翻了一番多，达到 800 亿美元左右，而电池制造业的投资增长了约 60%，达到 1100 亿美元。

中国在 2023 年清洁技术制造的全球投资中占据了四分之三，较 2022 年的 85%有所下降。与此同时，美国和欧洲的投资增长强劲，特别是在电池制造领域，这些地区的投资增长了三倍以上。对于太阳能光伏制造业而言，中国在 2022—2023 年的投资翻了一番多。在这三个主要制造中心之外，印度、日本、韩国和东南亚国家在特定领域做出了重要贡献，而在非洲、中美洲和南美洲等地区投资规模相对较小。

清洁技术制造近期发展势头强劲。2023 年约 40%的投资将用于 2024 年投产的设施。在电池制造领域，这一比例接近 70%。根据国际能源署（IEA）2050 年净零排放情景（NZE），到 2025 年承诺的项目（正在建设或已做出最终投资决定的项目）加上现有产能，将比 2030 年的全球太阳能光伏发电部署需求高出 50%，并能满足 55%的电池需求。此外，这一积极的增长态势正向相关行业扩展，美国近一半的电池生产承诺将通过与汽车制造商的合资企业来实现。

## 三、尽管项目储备增长呈现出不均衡性，但其仍在迅速扩展

目前，太阳能光伏组件和电池的现有生产能力可以满足 2030 年 NZE 情景需求，比原计划提前了六年，在硅片和多晶硅制造的上游环节只剩下很小的差距。然而，目前全球电池和组件生产设施的平均利用率相对较低，约为 50%。造成这种情况的主要因素是太阳能光伏组件供应过剩，以及制造能力的快速扩张。虽然供应量的急剧增加推动了组件价格的下降，支持了更广泛的消费，但太阳能光伏组件的库存却在增加。而且有迹象表明，计划中的产能扩张正在缩减和推迟，尤其是在中国。

电池制造业在 2023 年也创下了历史新高。总产量超过 800 吉瓦时

（GW·h），比 2022 年增长了 45%。新增产能也激增，电池制造产能增加了近 780GW·h，比 2022 年增加了约四分之一。这使总装机容量增至约 2.5 太瓦时（TW·h），几乎是目前需求量的三倍。如果所有计划都能实现，到 2030 年，全球电池生产能力将超过 9TW·h。在 NZE 情景下，满足 2030 年的电池制造部署需求指日可待：超过 90%的需求可通过已宣布的、已做出投资决定的扩产项目来满足。

风能和电解槽的生产能力在 2023 年也有较快增长，但增幅并不明显。2030 年，现有风能产能可满足近 50%的 NZE 场景需求，而已宣布的项目可满足另外 12%的需求。与此同时，由于大多数主要市场停滞不前，热泵制造的产能增加速度放缓。在 NZE 情景下，现有产能仅能满足 2030 年需求的三分之一左右，但鉴于该行业产能扩张的周期较短，这一情况可能会很快发生变化。

## 四、清洁能源技术制造在地理上仍高度集中

中国、美国和欧盟共同拥有太阳能光伏、风能、电池、电解质和热泵制造能力的 80%～90%。即使所有宣布的项目都能实现，预计到 2030 年，这一地理总体集中度也不会有太大变化。仅中国就占全球太阳能光伏组件生产能力的 80%以上，占硅片生产能力的 95%。这种情况在十年内不会有大的改变，中国的新增产能将赶上或超过美国和印度等其他国家的计划。电池生产的情况则有所不同：欧洲和美国计划增加的产能将降低中国目前在全球产能中的份额，如果所有宣布的项目都能实现，到 2030 年，这两个地区的产能份额将达到 15%左右。在欧洲和美国，已宣布的电池制造产能足以满足与本国气候目标相关的 2030 年国内部署需求。

预计到 2030 年，风能、电解槽和热泵生产的地理集中度也几乎不会发生变化。除主要生产国之外，中美洲和南美洲占全球风力涡轮机主要部件生产的小部分（机舱、叶片和塔架占 4%～6%）。然而，目前非洲几乎没有清洁技术制造业。上游太阳能光伏发电和电池组件的集中程度甚至更为明显，但产能过剩的前景可能会为这一领域生产的进一步多样化带来可能性。

## 五、生产成本差距大，但并非一成不变

报告分析表明，在未考虑明确的支持性政策措施的情况下，中国是本报告重点介绍的所有技术中成本最低的生产国，但同时也揭示了各国缩小成本差距的可能性。主要前期成本是建立清洁能源生产厂的资本支出以及相关的融资成本。在未考虑地区之间的资本成本差异情况下，美国和欧洲的太阳能光伏、风能和电池制造设施通常比中国的设施每单位产能高 70%～130%。印度的资本成本比中国高出约 20%～30%，但明显低于美国和欧洲。

然而，前期成本对于整体标准化制造成本的贡献相对较小，年化资本支出仅占太阳能光伏组件生产总成本的 15%～25%，资本成本为 8%。对于电池（10%～20%）、风力涡轮机和热泵（2%～10%）的情况类似，而碱性电解槽的比例稍高（15%～30%）。包括能源、材料、部件和劳动力成本在内的运营成本在总体上的贡献要大得多，根据全球平均商品价格以及能源投入的地区劳动力和最终用户价格，持续运营成本占总制造成本的 70%～98%，因此，降低能源、材料和部件成本是缩小成本差距的重要手段。

## 六、成本并非影响投资的唯一因素

除制造成本之外，还有许多因素同样影响着企业的投资决策，包括国内市场规模、具备必要技能劳动力的可用性、基础设施的完备性、审批流程及其他管理制度、与客户的距离以及与现有产业的协同效应等。因此，政策干预可以在不直接补贴制造成本的情况下，提高特定地区的投资吸引力。例如，为工人提供培训和认证计划、缩短项目准备时间同时不降低环境标准、扩大国内市场以及通过稳定而有效的气候政策减少不确定性。无论直接激励在工业战略中扮演何种角色，这些关键措施能够提高投资动力。

创新是工业战略设计中的一个关键焦点。随着能源技术产品组合转向大规模制造设备，能源领域可能会吸引更多研发密集型公司，这些公司不仅在本国拥有工厂和研发中心，而且在全球范围内也建有相应的设施。保持在创新前沿对于市场竞争至关重要。私营部门的研发可以通过

促进制造业投资和经验积累的政策得到激励，但同时也需要直接的创新支持。政府可以采取包括研发补助或贷款、项目融资、快速原型设计支持、初创企业扶持和生产规模扩大等措施，并将这些措施针对性地用于推动特定创新任务，以促进制造业的进步。

### 七、支持工业战略设计的主要原则

该报告的目的不是规定工业战略的单一方法，也不是向特定国家提出建议，而是为决策提供支持。在分析竞争力、创新和其他具体政策领域的同时，本报告还提炼出一套关键原则，为决策者提供指导。在考虑国内行动时，各国政府应：①确定优先次序并发挥优势，设定清晰的目标和衡量成功的指标，并将实验性探索和应变能力纳入规划之中。②吸引和支持创新人才，包括在制造业与更广泛创新系统的各个组成部分之间建立紧密联系。③从战略角度和长远角度弥补成本差距，包括采取措施缩短交付周期并提升劳动力技能。各国政府还应积极开展国际合作，这反过来又会增加国内投资和全球进步的机会。为此，各国政府应：①收集数据并跟踪进展情况，包括清洁技术及其组件的贸易和生产情况。②协调整个供应链的努力，通过分享经验和合作来增强韧性。③识别并建立战略伙伴关系，并由明确的合作框架作为支持。

## 第二节　国际能源署：《2023 年能源效率》

2023 年 12 月，国际能源署在阿联酋首都迪拜举行的《联合国气候变化框架公约》第 28 次缔约方会议（简称 COP28）召开期间，发布了《2023 年能源效率报告》，该报告主要观点概述如下：

### 一、能源效率政策势头增强

现阶段，全球决策者高度关注能源效率提升问题，特别是关注能源效率在保障能源安全和可负担能力以及加速清洁能源转型方面的重要作用。不过，据估计，2023 年能源强度增长率将回落至长期趋势以下，从 2022 年的 2%降至 1.3%。

2023年，全球将能效提高一倍至4%的目标加快了步伐，这可能会使发达国家目前的能源账单减少30%，并在2030年前占二氧化碳减排量的50%。同年6月，参加国际能源署第八届全球能源效率年度会议的46个国家政府批准了“凡尔赛声明：能源效率的关键十年”，同意加强能源效率行动，以配合到2030年这十年全球能源强度每年翻一番的进展。

## 二、能效政策行动正在转化为投资和部署

能源危机加速了全球能源转型的进程，能源效率政策行动是政府举措的核心内容。自2022年初能源危机开始以来，占全球能源需求70%的国家引入或显著加强了能源效率政策。自2020年以来，能源效率投资增长45%，其中电动汽车和热泵的增长尤其强劲。如今，几乎每五辆汽车中就有一辆是电动汽车，而在许多市场，全球热泵销量的增长已经超过了燃气锅炉。

国际能源署政府能源支出跟踪机构的相关数据表明，自2020年以来，已有近7000亿美元用于能源效率投资，其中70%主要发生在5个国家：美国、意大利、德国、挪威和法国。美国2022年的《通胀削减法案》包括860亿美元用于能源效率改善，而欧盟也强化了其能源效率指令，以抑制能源需求。

## 三、高能效技术部署在一定程度上抑制了化石能源消费需求

2023年上半年，德国、荷兰和瑞典的热泵销量比去年同期累计增长了75%。电动汽车或热泵不仅将能源使用转移到越来越多的清洁能源上，而且比传统汽车或天然气锅炉使用的最终能源要少得多。消费者现在在翻新房屋或购买新车时有了更好的选择。这些选择正开始为新的能源效率水平打开机会。全球汽油和柴油车、两轮车和三轮车以及卡车销量分别在2017年、2018年和2019年达到顶峰。这意味着，主要用于乘用车的全球汽油需求在2023年达到峰值。在国家层面上，占汽油消费总量60%的146个国家中有93个国家的需求已经达到峰值、稳定或

下降。

从世界上主要的供暖国家来看，居民住宅天然气需求已趋于稳定，或者在 78 个国家中有 34 个正在下降，占总需求的一半。在欧洲，2022 年住宅和商业天然气需求同比下降了 15%以上。虽然 40%的下降可以归因于去年相对温和的冬季，但一半以上是通过各种天然气节能措施，尽管这包括对需求的破坏和效率的提高。

向交通电气化和供暖的转变的同时，可再生能源在电力生产中所占的份额正在迅速增长。这使得能源效率的作用从单独考虑终端发展为整体使用、需求灵活性和可变可再生资源的优化使用的融合。在可变可再生能源渗透率较高的电力系统中，早期证据表明，这种系统思维可以节省多达三分之一的能源账单。

## 四、全球变暖增加了制冷需求，降低了取暖需求

2023 年，世界也经历了有记录以来最热的一年，有可能引发用电和碳排放增加的恶性循环。热浪还会加剧健康差距，降低生产力，提高电力成本，扰乱基本服务，并推动移民。极端高温给电力系统带来了压力，需要对电网基础设施和发电进行大量投资，同时给消费者带来了高昂的冷却成本，尤其是对最弱势群体。

较高的温度对区域内的电力需求也有不同的影响。例如，国际能源署的分析显示，超过 24℃的日平均气温每增加 1℃，美国得克萨斯州的电力需求增长约 4%，而在印度，空调拥有量较低，同样的温度上升导致电力需求增长 2%。2023 年 5—9 月，中国、美国、印度、巴西、加拿大、泰国、马来西亚和哥伦比亚等许多国家的电网需求达到了创纪录的峰值水平，占全球总电力需求的 60%以上。在一些地区，如中东和美国部分地区，在炎热的日子里，空调制冷需求可能占住宅需求峰值的 70%以上。

## 五、能效提高一倍可使能源账单削减三分之一

随着全球效率目标从 2022 年的 2%提高到 4%，包括 COP28 大会在内的国际努力在塑造未来的能源效率和需求途径方面将发挥重要作用。

虽然将全球能源强度进展翻一番是一个具有挑战性的目标，但这并不是前所未有的进展水平。在过去的十年中，90%的国家至少达到过一次4%的比率，其中有一半的国家至少达到过三次。然而，在过去的十年中，只有4个G20国家（中国、法国、英国和印度尼西亚）连续5年每年能效提升水平至少4%。

在大多数部门，政府可以在现有政策的最佳实践基础上，加快部署现有技术，从而在年度能效提高速率翻倍方面取得快速进展。例如，欧盟、印度、日本、南非和英国的照明标准已经达到或超过了新西兰情景中规定的水平。同样，在欧盟、日本、瑞士、土耳其和英国销售的特定输出范围内的所有工业电动机都必须遵守新西兰情景中的效率等级。建筑法规和车辆标准改进也有类似的情况，这些标准将于2030年生效。

## 第三节　国际可再生能源署：《绿氢促进可持续工业发展：发展中国家政策工具包》

2024年2月，国际可再生能源署（IRENA）、联合国工业发展组织（UNIDO）和德国发展与可持续性研究所（IDOS）联合发布《绿氢促进可持续工业发展：发展中国家政策工具包》报告。该报告阐述了绿氢对发展中国家可持续发展的推动作用，并强调了政策协调对实现绿氢产业公正转型的重要性。主要观点概述如下：

### 一、绿氢发展的机遇和挑战并存，必须采取协调一致的政策行动

绿氢具有促进工业发展和创新的潜力，对经济、环境和社会均能产生有益影响。但仍面临成本障碍、政治不稳定、监管框架薄弱、缺乏承购协议以及国际运输不确定性等挑战。因此，该报告中的政策工具包确定了绿氢价值链中的七个关键经济活动集群，包括可再生能源发电与电解、Power-to-X技术、绿氢出口、电解槽及可再生能源设备本地上游制造、国内产业脱碳、交通领域脱碳以及吸引外国直接投资于能源密集型产业等。这些活动不仅可有力推动国内绿氢产业的增长，还能为创造可

持续就业、增加长期价值以及提升国际竞争力提供有力支撑。

## 二、政府制定全面的国家氢能战略，并通过参与产业链上下游活动扩大国内绿氢生产规模至关重要

有效的政策协调对构建强大的本土化绿氢价值链至关重要。政策制定者需优先考虑战略干预和工具，促进绿色产业的多元化发展。报告提出的“四叶草方法”为实施绿氢生产提供了四个核心战略方向：①优先满足国内需求，而非过度依赖出口；②与公正转型理念和国家发展目标保持一致；③从小到中型项目开始，逐步积累经验和技术；④分阶段有序实施绿氢生产和应用。

## 三、技术进步和可持续的能源供应是推动绿氢发展的关键

考虑到如太阳能光伏电池、风力涡轮机和电解设备等核心技术主要由少数工业化国家制造，有必要通过实施当地成分要求增强国内制造业，并利用长期研发投资促进本国创新和技术进步。同时，重视大规模绿氢生产对农业、水资源和粮食安全的潜在影响。因此，报告提出了可行的收入和利益分配机制，并强调了社会契约在确保利益公平分配中的基础性作用。

## 四、政府需要采取多种措施刺激绿色产品的市场需求

如在公共采购中优先选择绿色产品（如绿色钢铁）、直接补贴绿色产品、实施可靠的认证措施，以及引入价格溢价、退税、配额等激励措施。

## 五、在跨境运输背景下，制定绿氢运输战略对发展中国家参与国际贸易至关重要

政策制定者需要平衡私有和公共基础设施，选择国内储氢解决方案，并部署电解槽和储能设施。报告评估了管道建设和海上运输的可行性和挑战，并探索了液态氢、氨和液体有机氢载体等能源载体的潜力。

通过各种融资渠道，建立储能设施并改造现有天然气管网、建设新的专用氢气管道至关重要。

## 六、实现全球绿氢快速发展需要在科学、技术和创新领域进行多边合作

联合国工业发展组织（UNIDO）、国际可再生能源署（IRENA）、国际能源署（IEA）和世界银行等国际组织在国际合作方面发挥关键作用。为实现《巴黎协定》设定的目标，必须大幅增加国际气候融资、降低绿氢项目资本成本、建立透明监管框架。积极制定氢相关的国际标准和认证方案，并确保发展中国家参与。统一绿色融资和产品标准可提高绿氢项目可融资性。

第二十一章

# 2024 年中国工业节能减排领域发展形势展望

2023 年是工业领域实施碳达峰方案的起跑年、是接续落实“十四五”工业绿色发展规划的攻坚年，工业领域坚定实施新发展理念，深化产业结构的优化与升级。稳步推进工业能源向绿色化转型，致力于提升资源的综合利用率。同时，加大力度推广绿色低碳技术、产品及装备，努力培育绿色低碳产业。通过深化制造过程的数字化应用，全面构建起绿色制造体系，以实现污染减少和碳减排的协同增效，绿色的生产方式正在加速形成。展望 2024 年，工业发展将聚焦碳达峰碳中和目标，致力于打造完善的绿色制造与服务架构。通过全面转型、深入改造、全链条革新以及全领域的提升，将塑造产业在绿色竞争中的新优势，确保绿色成为新型工业化的普遍形态。

## 第一节　2024 年形势判断

### 一、能源消费低碳化趋势不断显现，污染物治理效能不断提高

能源消费低碳化趋势不断显现。工业和信息化部推进重点行业节能提效，推动 17 个高能耗行业关键领域的节能降碳改造升级，并发布了相应的实施指南以及发布了国家工业和信息化领域节能技术装备产品目录，旨在助力企业实现节能减排、成本优化与效率提升。在全国范围

内，火电机组的煤耗降至每千瓦时仅 302.5 克标准煤，这一成绩标志着我国在能效方面已达到全球领先水平。此外，高效能设备的推广使用持续加强，目前高效节能电机和变压器的新增量占比均已超过 60%，而在役设备中，这两种产品的占比分别达到了 14.8%和 10.5%，体现了我国在推进绿色低碳发展方面的积极成果。同时推广工业领域绿色电力的广泛应用，鼓励具备条件的企业和产业园区积极构建工业绿色微电网。加速发展分布式光伏发电、分散式风力发电技术，以及储能系统和智慧能源管控一体化系统的建设与运营，以实现多种能源的高效互补和综合利用。2024 年，随着重点用能行业、重点用能设备能效水平持续提升、用能结构持续优化，能源消费低碳化趋势不断显现。

清洁生产方面，通过源头减量、过程控制和末端高效治理，系统化提升工业污染物治理效能。2016 年，工业和信息化部等八部门发布《电器电子产品有害物质限制使用管理办法》，截至 2023 年 4 月，已有超过 2.4 万种电器电子产品达到管控要求，行业覆盖率超过 70%。此外，2015 年，工业和信息化部发布了《汽车有害物质和可回收利用率管理要求》，使得乘用车单车铅含量（除铅蓄电池外）较 2015 年下降 50%，累计削减铅使用量超过 1 万吨。在环保装备制造业方面，总产值由 2012 年的 3500 亿元上升到 2023 年的 9600 亿元以上，年复合增长率超过 10%。同时，培育了 268 家环保装备骨干企业，以及 12 家绿色环保领域制造业单项冠军企业；在 8997 家专精特新“小巨人”企业中，绿色环保领域企业占比超过 15%。综合能源服务、合同能源管理、合同节水管理、环境污染第三方治理、碳排放管理综合服务等新业态新模式不断涌现，为推动形成稳定、高效的治理能力提供了有力保障。综合能源服务、合同能源管理、合同节水管理、环境污染第三方治理、碳排放管理综合服务等新业态新模式不断涌现，为推动形成稳定、高效的治理能力提供了有力保障。

## 二、产业结构高端化绿色化转型稳步推进

进入 2024 年，产业结构优化将进一步带动工业绿色发展。首先，在确保产业链供应链稳定的基础上，通过积极而审慎的措施，有效解决产能过剩问题并淘汰落后产能。加强环保、能耗、水耗等方面的限制，

推动钢铁、水泥、平板玻璃、电解铝等行业实施产能置换政策，以促进产业的健康发展，目前，地条钢的全面清除工作已经圆满完成，同时在电解铝和水泥产业中，落后的产能也已经基本被淘汰。其次，2023 年以来，装备制造业持续稳健增长，新动能迅猛发展。在前九个月，该行业的增加值同比增长了 6.0%，这一增速比规模以上工业的平均增长率高出 2.0 个百分点，对整个规模以上工业的增长贡献率高达 46.8%。特别值得一提的是，电气机械和汽车行业的增加值均实现了两位数的增长，分别同比增长了 14.1%和 11.4%。在新一代高端装备和信息技术行业方面，如电子工业专用设备制造、飞机制造、智能消费设备制造等领域的发展势头尤为强劲，其行业增加值的同比增长分别达到了 27.4%、16.6%、10.2%。同时，主要新能源和新材料产品的产量也保持了高速增长。新能源汽车产量同比增长了 26.7%，而光伏电池、汽车用锂离子动力电池以及充电桩等产品的增长率更是分别达到了惊人的 63.2%、39.9%、34.2%。此外，太阳能工业用超白玻璃、多晶硅、单晶硅等新材料产品的增长同样显著，分别增长了 74.5%、84.0%、63.3%。这一系列数据充分展示了新动能的蓬勃发展态势，预示着未来更多的增长潜力和发展机遇。

## 三、数字化赋能作用持续凸显

数字化转型的积极推进正在引领生产方式的全面变革。通过采用最新一代的信息技术，如大数据、5G 和工业互联网等，不仅提升了能源、资源和环境管理的效能，还促进了这些先进技术与绿色低碳产业的深度融合。此外，数字基础设施的绿色低碳转型也在加速进行中，包括对大中型数据中心和网络机房的绿色建设和改造，以及建立绿色运营维护体系。同时，加快了数字基础设施领域节能提效相关标准的制定和修订工作。目前，已有 196 家国家绿色数据中心作为示范标杆被持续打造。值得一提的是，自 2019 年商用初期以来，5G 基站的单站址能耗已成功降低了 20%以上。在全国范围内，规划在建的大型及以上数据中心的平均设计电能利用比值已降至 1.3。据统计，我国已建成超过 2500 个数字化车间和智能工厂，显著提升了钢铁、石化等流程型工业的绿色发展水平。此外，“工业互联网+绿色制造”的实施，聚焦于能源管理和节能降碳等

典型应用场景，已培育并推广了40余个“工业互联网+绿色低碳”解决方案。在钢铁、采矿等10个重点行业领域，“5G+工业互联网”率先形成了20个典型应用场景，涌现出远程设备操控、机器视觉质检等一系列应用实践，有效促进了传统企业在提升质量、降低成本和增加效率方面的发展。

## 第二节　需要关注的几个问题

### 一、随着经济持续复苏，工业能源消费总量仍可能保持增长状态

2023年1—10月，在政策、项目和资金等因素支持下，基础设施投资同比增长5.9%，总体保持相对平稳的增长状态，带动钢铁、建材、有色等高耗能产业生产呈快速回升态势，10月份，钢材、十种有色金属、乙烯产量分别为11371万吨、655万吨、282万吨，分别同比增长3.0%、8.2%、5.6%。从能源消费量的数据来看，前三季度四大高载能行业用电量较上年增长4.1%，其中，前三季度分别较上年增长4.2%、0.9%和7.2%。进入2024年，随着内需扩张政策的持续推进，高能耗行业的生产活动逐渐复苏，这可能会对工业能源的总消费量和碳排放量带来一定的压力。

### 二、区域绿色发展不平衡依然存在，西部地区工业绿色发展形势较为严峻

2023年1—9月，西部地区用电量增速全国领先，全社会用电量同比分别增长6.8%，高出全国平均水平1.2个百分点。分省份看，全国31个省份全社会的用电量呈现出正向增长的趋势，特别是在内蒙古、西藏、青海等省份，它们的用电量同比增长率甚至超过了10%。可见，高载能行业“西进”呈现加快迹象，2023年6月，国家发展改革委发布了《关于推动现代煤化工产业健康发展的通知》，指出要在已布局的内蒙古鄂尔多斯、陕西榆林、宁夏宁东、新疆准东4个现代煤化工产业示范区，进一步推动新建煤制烯烃、煤制对二甲苯（PX）、煤制甲醇、

煤制乙二醇、煤制可降解材料等项目集聚化、园区化发展。未来西部地区将逐步发展成为我国现代煤化工产业的重心，随着这一进程的加速，该区域的工业绿色化发展面临的挑战将进一步增加，未来的发展趋势和环境将更加多元化和复杂。

### 三、绿色发展不平衡、不充分问题仍然突出

近年来，我国工业绿色发展成效显著，但与其他国家相比，我国经济增长的能源投入代价仍然偏高，能源产出率约是世界平均水平的74%。同时，我国绿色发展不平衡、不充分，地区之间能源产出率最大相差达 8 倍以上，部分重点行业、重点领域仍呈现粗放发展。如在黄河流域，资源消耗巨大、污染物排放严重以及产业治理控制水平不足等问题尤为显著。流域内清洁生产、资源循环再利用以及污染物的控制与处理能力普遍偏低。水资源的浪费与污染问题相互交织并日益凸显，流域内各省区的产业结构性水污染问题也较为尖锐。

### 四、绿色低碳技术支撑能力有待进一步提高

工业领域绿色低碳转型需要以完善的技术体系为支撑。当前，工业绿色低碳关键技术仍然存在“卡脖子”问题，我国在绿色低碳重点领域尚未完全掌握核心技术，高端装备供给不足。一是支撑钢铁、建材、有色、石化化工等重点行业绿色低碳转型的原料燃料替代、工业流程再造等低碳零碳技术亟待突破。二是支撑光伏、风电等新能源产业发展的大型风电机组主轴承、氢能生产储运应用技术、大容量先进储能等关键材料、零部件和设备仍然存在短板。三是企业、研发机构和市场需求间的体制机制尚未融通，绿色低碳知识产权创造、保护、运用和服务等体系建设较为滞后。

## 第三节　应采取的对策建议

### 一、加强碳排放监测与管理，夯实管理基础

一是完善碳排放基础通用标准体系，完善碳计量技术体系，健全市

场化机制。二是强化对工业能源消耗与碳排放的持续监控，深入剖析可能导致能源总用量和碳排量激增的关键因素，并制定有效的对策。三是对高能耗行业的新项目实施严格的能效与环境影响评估，确保所有工业投资项目都经过节能审查，严格控制能源消耗门槛。加强能源和环境评估的监管，严厉打击任何违规审批活动。此外，加速更新高耗能产品的能源消耗上限标准，提升这些标准的严格程度和准入门槛。四是建立节能市场化机制，开展工业节能诊断服务，构建市场化节能机制。

## 二、制定西部地区差异化绿色转型政策，全面推动绿色发展

一是加强西部地区新启动项目的环保和能效监管，确保持续监控各大工业园区的能源消耗、碳排放和污染物排放数据，以便及时为企业提供节能降碳减污的技术改进支持。二是着力推动包括重化工在内的制造业高端化、智能化、绿色化协同发展，充分发挥西部地区可再生能源优势，最大程度消纳风电、光伏等可再生能源，引进东部地区先进数字化技术，赋能西部地区绿色化发展。三是增强财政资金对西部地区绿色转型的支持，激励地方政府设计具体的绿色金融策略，发展新型金融产品，营造绿色发展环境，为企业和产业园区的节能降耗与绿色技术升级提供坚实的支持。

## 三、聚焦重点行业和领域，挖掘工业绿色发展潜力

一是推动化工园区整治提升和污染治理，加强磷石膏、冶炼渣、粉煤灰、 废旧金属、废塑料、废轮胎等资源综合利用，提高废旧资源循环利用水平。二是推动钢铁、煤化工等产业在水资源管理上采取循环利用策略，积极整合市政排放的污水和经过净化处理的再生水资源。同时，对于高水耗行业，强化对工业废水、海水淡化以及再加工水的高效运用，确保水资源的可持续利用。严控煤化工、有色金属、钢铁等行业盲目扩张，推动新型煤化工产业与石化、钢铁、建材等行业的协同发展，以实现产业结构向绿色、高端方向的转型。

## 四、加快构建绿色低碳转型技术体系，增强创新能力

一是攻克一系列关键技术难题。针对国家绿色低碳转型的战略需求和产业发展的未来趋势，定期编制并发布绿色生产关键技术的创新规划，布局并执行一系列节能减排的先进技术研究项目，集中优势资源攻克一批“卡脖子”问题，形成一批原创性科技成果。二是推广先进适用技术，定期发布低碳、节能、节水等绿色技术目录，遴选具有先进水平、经济性好、推广潜力大的技术，鼓励企业加强设备更新和新产品的规模化应用。三是开展重点行业升级改造示范。针对钢铁、建材、石化化工、有色金属、机械、轻工和纺织等关键行业，积极推进一系列创新技术示范项目。包括深化生产工艺的脱碳处理、彻底重构工业流程、实施全面的电气化升级以及开发二氧化碳的回收与循环利用系统等。

附录 A

# 2023 年节能减排大事记

## 2023 年 2 月

### 2023 年 2 月 2 日

#### 国家发展改革委环资司组织召开加快先进节能降碳技术研发和推广应用工作座谈会

2 月 2 日，国家发展改革委环资司负责同志主持召开工作座谈会，深入学习贯彻党的二十大精神，研究加快先进节能降碳技术研发和推广应用相关工作。会议系统梳理了我国节能降碳技术研发和推广应用工作进展，分析了当前面临的新形势、新挑战，研究提出了下一步工作思路。国家节能中心、中国国际工程咨询有限公司、中国质量认证中心、有关行业协会及企业代表参加了会议。①

## 2023 年 3 月

### 2023 年 3 月 1 日

#### “节能服务进企业”暨变压器能效提升研讨会顺利举办

按照 2023 年度“节能服务进企业”活动计划安排，为推动《变压器能效提升计划（2021—2023 年）》贯彻落实，2023 年 3 月 1 日，中国电器工业协会变压器分会、机械工业节能与资源利用中心在重庆市召开“节能服务进企业”暨变压器能效提升研讨会。工业和信息化部节能与综合利用司

① 中华人民共和国国家发展和改革委员会[EB/OL].

有关同志，相关行业协会、科研院所、制造企业等代表参加会议。

与会代表围绕变压器能效提升落实情况和下一步工作计划、变压器能效提升相关措施和发展路径，以及立体卷铁心等技术，新能源等新兴领域应用等进行了交流研讨，并现场参观重庆 ABB 变压器有限公司。

## 2023 年 4 月

### 2023 年 4 月 23 日

**节能与综合利用司组织召开新能源汽车动力电池回收利用座谈会**

做好新能源汽车动力电池回收利用，对于提高资源保障能力、支撑新能源汽车产业健康发展具有重要意义。4 月 23 日，节能与综合利用司在浙江衢州组织召开新能源汽车动力电池回收利用座谈会，部分省工业和信息化部门、电池和新能源汽车生产企业、综合利用骨干企业，以及研究机构等参加会议。

与会同志围绕新能源汽车动力蓄电池回收利用管理办法，以及欧盟《电池与废电池法》对产业可能造成的影响等进行了讨论。下一步，节能司将抓紧制定回收利用管理办法，细化各方责任要求；加大综合利用先进技术推广力度，以技术创新带动产业升级；宣传推广典型经验做法，培育壮大骨干企业，提高动力电池回收利用水平。

## 2023 年 5 月

### 2023 年 5 月 12 日

**斯德哥尔摩公约、巴塞尔公约、鹿特丹公约 2023 年缔约方大会圆满结束**

《关于持久性有机污染物的斯德哥尔摩公约》(以下简称“斯德哥尔摩公约”) 第 11 次缔约方大会、《控制危险废物越境转移及其处置巴塞尔公约》(以下简称“巴塞尔公约”) 第 16 次缔约方大会、《关于在国际贸易中对某些危险化学品和农药采用事先知情同意程序的鹿特丹公约》(以下简称“鹿特丹公约”) 第 11 次缔约方大会于 2023 年 5 月 1 日至 12 日在瑞士日内瓦召开。来自 170 多个国家、政府间国际组织和非政府组织的 1800 余名代表参会。生态环境部、工业和信息化部、外交部、农业农村部等部门以及相关技术支持单位组成的中国代表团出席了本次会议。节能司有关负责同志作为副团长参加斯德哥尔摩公约相关会议。

会议就新增受控化学品、鹿特丹公约新增附件八提案、斯德哥尔摩公约遵约机制、巴塞尔公约提高法律清晰度等议题进行了磋商，最终达成近 60 项决定。斯德哥尔摩公约下，会议最终决定将甲氧滴滴涕、得克隆、UV-328 列入斯德哥尔摩公约附件 A（消除类），并同意保留得克隆和 UV-328 的特定豁免。此外，历经 11 次缔约方大会谈判，斯德哥尔摩公约遵约机制于本次会议最终达成。

## 2023 年 6 月

### 2023 年 6 月 26 日

*京津冀动力电池回收利用产业对接活动成功举办*

为进一步推进京津冀动力电池回收利用产业协同发展，提升区域资源综合利用水平，6 月 26 日，河北、北京、天津工业和信息化主管部门在河北省联合主办了 2023 年京津冀动力电池回收利用产业对接活动，工业和信息化部节能与综合利用司以及相关行业协会、研究机构、重点企业等代表参加此次活动。

节能与综合利用司有关同志介绍了新能源汽车动力电池回收利用工作进展情况、当前面临的形势和问题，并就加强新能源汽车动力电池溯源管理、废旧动力电池综合利用等提出具体工作要求。国务院发展研究中心资源与环境政策研究所、中汽数据有限公司、中国科学院过程工程研究所、中国科学院青海盐湖研究所、中南大学等机构的专家学者围绕京津冀动力电池回收利用产业区域优势、动力电池的清洁循环利用等发表主旨演讲。京津冀工业和信息化部门就推动京津冀动力电池回收利用产业一体化协同发展，充分发挥各自资源优势、加强部门联动和信息共享、搭建京津冀协同发展合作平台等进行商讨，进一步凝聚了共识。活动期间共促成 18 个项目对接，总投资额达 53.01 亿元。

## 2023年6月28日

### 中国装备后市场产业发展大会成功举办

为推动再制造行业高质量发展，提高资源利用效率，2023年6月27—28日，中国机械工业联合会指导、中国机电装备维修与改造技术协会主办的2023中国装备后市场产业发展大会在湖北襄阳召开，工业和信息化部、市场监管总局以及相关行业协会、研究机构、重点企业的代表参加会议。

节能与综合利用司有关同志介绍了机电产品再制造相关工作进展情况、当前面临的形势与挑战，并从完善再制造管理体系、提升再制造技术装备水平等方面提出具体工作要求。机械工业环保产业发展中心、华中科技大学、重庆大学等机构的专家学者围绕再制造关键技术及发展趋势、智能制造与智能运维、机床后市场产业发展等发表主旨演讲。同期还举办了企业现场参观、供需对接等活动。

## 2023年7月

## 2023年7月13日

### 第十五届中国金属循环应用国际研讨会成功举办

为推动废钢铁加工行业高质量发展，2023年7月13日，第十五届中国金属循环应用国际研讨会在江苏常州召开。会议由中国废钢铁应用协会、中国国际贸易促进委员会冶金行业分会举办，工业和信息化部、有关院士专家、行业协会、研究机构、重点企业的代表参加会议。

会议聚焦新形势下推动废钢铁产业高质量发展，重点讨论完善废钢综合利用体系建设等一系列工作。会上，节能与综合利用司有关同志介绍了废钢铁综合利用有关工作进展情况、当前面临的形势与挑战，并从实施行业规范管理、推动工艺技术设备进步等方面提出具体工作要求。北京科技大学、中国金属学会、中国有色金属工业协会等机构的专家学者围绕再生钢铁原料高质化利用、废钢与电炉炼钢、再生有色金属行业发展现状及趋势等发表主旨演讲。同期还举办了专题座谈会、技术交流等活动。

2023年7月16日

工业和信息化领域2023年全国节能宣传周和低碳日系列宣传活动圆满完成

7月10—16日全国节能宣传周和7月12日全国低碳日期间，围绕节能宣传周“节能降碳，你我同行”和低碳日“积极应对气候变化，推动绿色低碳发展”主题，工业和信息化领域成功开展了系列宣传活动。

活动期间，工业和信息化部节能与综合利用司通过媒体平台广泛宣传《推动工业节能降碳 一起“节”尽所能》主题视频，工业节能诊断服务典型案例，以及各地工业和信息化主管部门、部属高校、行业协会及基础电信运营企业等举办的节能宣传周相关活动等。发送公益短信传播节能降碳理念，宣传节能宣传周和低碳日主题等内容，积极营造全社会共同推行“节能优先、效率至上”的良好氛围。持续开展“节能服务进企业”活动，围绕智慧能源技术装备、氢能产业链创新发展、煤化工行业节能降碳等主题，邀请行业协会、研究机构、行业企业等进行交流研讨及实地调研。在低碳日开展专题宣传活动，邀请中国工程院院士刘中民围绕“在落实碳达峰碳中和目标任务过程中锻造新的产业竞争优势”主题做专题讲座。开展部机关及直属单位节能降碳宣传活动，引导干部职工践行绿色低碳生活。组织各地工业和信息化主管部门积极通过线上线下组织开展“节能服务进园区”、“节能降碳服务进企业”、节能知识培训交流会等节能降碳宣传活动，包括上海召开绿色低碳产业推进大会、河南开展“零碳中原杯”绿色制造技术应用创新大赛、山东举办重点行业企业节能降碳宣传暨“节能降碳服务进企业”现场会等。

2023年7月18日

汽车产品生产者责任延伸试点工作交流会在京召开

为贯彻落实国务院办公厅《生产者责任延伸制度推行方案》的相关要求，2022年工业和信息化部会同相关部门遴选了一汽、东风、上汽、吉利、陕汽等11家汽车生产企业开展汽车产品生产者责任延伸试点工作，力求探索建立可推广复制的汽车产品EPR制度。

为做好试点经验交流与宣传，2023年7月18日，工业和信息化部

节能与综合利用司在京召开汽车产品生产者责任延伸试点工作交流会，来自地方工业和信息化主管部门、汽车企业、零部件企业、综合利用企业、行业协会、国内外科研机构等单位 100 余名代表参会。

会上，工业和信息化部节能与综合利用司对 EPR 制度进行了解读，介绍了试点工作总体考虑和开展的情况，下一步工业和信息化部节能与综合利用司将会同有关部门加强试点工作调度，推动相关工作扎实推进，探索适合我国国情的 EPR 实施模式，促进汽车产业加快绿色低碳循环发展步伐。试点企业围绕报废汽车回收体系建设、汽车产品资源综合利用、固体废物循环利用，介绍了汽车企业前后端联动回收体系运行模式、车规级再生塑料应用案例、关键零部件市场化循环利用新模式等，交流了工作中形成的好经验。中国汽车技术研究中心专家介绍了汽车试点阶段性评估工作要点。

2023 年 7 月 21 日

**工业领域煤炭清洁高效利用路径研讨会在江苏无锡召开**

为贯彻落实党中央、国务院决策部署，加快推进工业领域煤炭清洁高效利用，促进节能降碳先进技术装备研发和推广应用，节能与综合利用司于 2023 年 7 月 20 日—21 日在江苏无锡召开工业领域煤炭清洁高效利用路径研讨会。节能与综合利用司有关负责同志，江苏省工业和信息化厅、无锡市工业和信息化局有关同志，以及有关行业协会、研究机构、高校和企业代表参加。

会上，工业和信息化部产业发展促进中心汇报了“推进工业领域煤炭清洁高效利用路径研究”课题进展情况，来自重点用煤行业领域的专家围绕煤炭清洁高效利用有关技术工艺创新、设备改造升级、行业耦合发展、政策标准制定等提出了意见建议。无锡华光、沈阳世杰等企业介绍了工业领域煤炭清洁高效利用、煤炭减量替代等有关重点项目实施进展情况。参会专家代表进行了深入交流讨论并实地调研了有关企业。

2023年7月24日

提高工业资源综合利用效率 助力“无废城市”建设

“无废城市”建设是深入贯彻落实习近平生态文明思想的具体行动，是推动减污降碳协同增效的重要举措。深入落实《“十四五”时期“无废城市”建设工作方案》，围绕推动大宗工业固废综合利用等工作，大力推动先进工艺技术设备遴选推广，培育资源综合利用基地、强化行业规范管理等，着力提高资源综合利用效率，推动工业绿色低碳发展。

7月24日，工业和信息化部节能与综合利用司有关负责同志参加了2023年全国“无废城市”建设推进会，介绍了“十四五”时期我部推动工业绿色低碳发展的重点举措和取得的进展。提出将认真贯彻《中华人民共和国固体废物污染环境防治法》有关要求，以技术进步为动力，加快制造业绿色化、智能化改造，从源头降低工业固废产生强度；着力提升生产过程清洁化水平，推动工业固废过程减量；大力培育综合利用骨干企业，提升资源综合利用水平。

2023年8月

2023年8月15日

环保装备助力生态文明建设主题活动成功举办

为深入贯彻落实习近平总书记在全国生态环境保护大会上的重要讲话精神，推动环保装备制造业高质量发展，在8月15日首个全国生态日期间，环保装备助力生态文明建设主题活动成功举办。工业和信息化部节能与综合利用司、北京市经济和信息化局、环保装备制造业骨干企业、环保装备用户企业、有关科研院所和行业协会等220余人，通过线上和线下的方式参加活动。

活动期间，节能与综合利用司发布了2023年环保装备制造业规范条件企业名单，有关行业专家就环保装备助力生态文明建设做专题报告，大气治理、污水治理、环境监测、固废处理等重点领域环保装备规范条件企业分享了环保技术装备的典型应用案例及场景。节能与综合利用司有关负责同志表示，大力发展环保装备制造业，既是推进生态文明建设的重要保障，也是推动战略性新兴产业发展、打造新经济增长点的

迫切需要，下一步，我们将深入贯彻落实习近平生态文明思想，持续实施环保装备制造业规范管理，培育壮大行业骨干企业，打造具有示范引领作用的先进环保装备产业集群，不断提升行业发展水平。

2023 年 8 月 15 日

2023 年工业综合能效大会在京成功召开

为贯彻落实党中央、国务院重大决策部署，进一步提升工业领域综合能效碳效，推动优化能源资源配置。2023 年 8 月 15 日，全国首个生态日，中国工业节能与清洁生产协会与清华大学能源互联网创新研究院联合主办，中国工业节能与清洁生产协会综合能源系统专业委员会、中国工业节能与清洁生产协会工业碳效专业委员会、国家能源互联网产业及技术创新联盟承办，清华大学国家治理与全球治理研究院、清华大学电机工程与应用电子技术系、清华四川能源互联网研究院协办的主题为“新型能源体系建设背景下的工业节能低碳发展之路”的“2023 年工业综合能效大会”在北京西郊宾馆成功召开。

中国工程院院士、中国工业节能与清洁生产协会综合能源系统专委会名誉主任委员顾国彪，中国科学院院士、中国工业节能与清洁生产协会综合能源系统专委会名誉主任委员欧阳明高，工业和信息化部节能与综合利用司张琨，工业和信息化部产业发展促进中心专项三处副处长刘嘉，中国工业节能与清洁生产协会秘书长智慧，中国工业节能与清洁生产协会副秘书长张纪平，中国工业节能与清洁生产协会综合能源系统专委会主任委员、清华大学电机系主任、清华大学能源互联网创新研究院院长、清华四川能源互联网研究院院长康重庆，中国工业节能与清洁生产协会工业碳效专委会主任委员、国网新能源云项目负责人刘劲松，清华大学能源互联网创新研究院常务副院长、国家能源互联网产业及技术创新联盟秘书长高文胜等出席大会。行业知名专家学者、协会会员单位代表、行业企事业单位代表、媒体代表等三百余人参加会议。此次大会通过清华大学能源互联网创新研究院视频号、中国电机工程学报视频号、北极星电力网视频号、寇享学术等平台进行了线上直播，线上参会人数突破 1.4 万。协会综合能源系统专业委员会副主任委员兼秘书长、清华大学电机系主任助理孙凯主持大会。

2023年8月21日

第十届国际工业固废综合利用大会成功举办

为推动大宗工业固废规模化、高值化综合利用，2023年8月21日，桑干河·第十届国际工业固废综合利用大会在山西朔州召开。大会由朔州市人民政府、山西省工业和信息化厅等举办，工业和信息化部、有关院士专家、行业协会、国内外研究机构、重点企业代表等参加会议。

大会聚焦新形势下推动工业固废综合利用产业高质量发展，围绕煤矸石、粉煤灰、工业副产石膏等典型工业固废的规模化高值化利用开展了一系列的交流研讨活动。工业和信息化部节能与综合利用司主要负责同志在致辞中指出，要深刻认识推进工业固废综合利用的重要意义，积极推广资源循环生产模式，大力发展综合利用产业，推动工业固废综合利用扩规模上水平，为推进工业绿色低碳高质量发展贡献积极力量。会上，节能与综合利用司发布《国家工业资源综合利用先进适用工艺技术目录（2023年版）》，开展技术对接活动，推动有关企业加快实施技术改造，持续提高资源利用水平。

2023年08月30日

工业和信息化部节能与综合利用司组织开展工业绿色微电网 典型应用场景与案例征集工作交流活动

为加快工业绿色微电网建设，优化工业用能结构和培育绿色发展新动能，助力实现“双碳”目标，工业和信息化部节能与综合利用司启动工业绿色微电网典型应用场景与案例征集工作，并于2023年8月30日通过线上直播方式开展交流活动，介绍工作要求、分享优秀案例。来自各地工业和信息化部门、中央企业、行业协会以及工业企业、工业园区、系统解决方案供应商等1500余人参与本次活动。

活动中，节能与综合利用司介绍加快工业绿色微电网建设、开展典型应用场景与案例征集的有关工作考虑和背景；中国国际工程咨询有限

公司介绍工业绿色微电网的基本定义、申报要求，并逐条讲解可再生能源规模化利用、多能高效互补利用、新型储能和氢能开发利用等方面量化指标和要求；来自工业企业、工业园区和工业绿色微电网系统解决方案供应商的代表分享了有关项目建设经验和成效。之后，大家通过直播间提问方式开展工作交流，有关专家第一时间解答申报过程中存在的疑问。

下一步，节能与综合利用司将组织各省级工业和信息化部门、有关中央企业、行业协会有序开展征集工作，遴选推广一批工业绿色微电网典型应用场景与案例，引领重点行业、重点地区工业节能与绿色低碳发展。

## 2023年9月

### 2023年9月21日

**工业和信息化部节能与综合利用司在福建省泉州市召开石化化工行业节能形势分析座谈会**

为促进石化化工等重点行业节能降碳，助力推进新型工业化建设，2023年9月21日在福建省泉州市召开石化化工行业节能形势分析座谈会，工业和信息化部节能与综合利用司和福建、江苏、浙江、广东、陕西等地工业和信息化部门有关工作负责同志，以及有关中央企业、行业协会代表参加。

节能与综合利用司介绍当前工业节能降碳面临的形势，从工业增加值、规模以上工业单位增加值能耗等方面分析石化化工行业节能降碳的重点难点；地方、行业、企业代表交流工业节能有关工作情况，介绍石化化工行业节能降碳重大项目建设和先进技术，分析行业节能降碳面临的困难挑战并提出下一步工作措施建议。会议要求大家深刻认识推进工业节能降碳、实现新型工业化的重大意义，直面挑战、把握机遇，持续跟进研究工业整体以及石化化工等重点行业节能形势，强化能耗预警分析，找准制约节能工作的问题症结。同时，加快石化化工行业先进适用节能降碳技术装备推广应用，推进用能结构低碳转型，加强工业节能监察和节能诊断服务，推动行业节能与绿色低碳发展。

## 2023年10月

### 2023年10月20日

**2023钢铁行业新能源+储能大会在四川召开**

10月19—20日，2023钢铁行业新能源+储能大会在四川成都召开。工业和信息化部节能与综合利用司、四川省经济和信息化厅有关负责同志，相关科研院所、高等院校、钢铁行业及新能源企业代表等300余人参加会议。

节能与综合利用司有关负责同志表示，加快工业绿色低碳转型是推动传统产业转型升级、实现新型工业化的本质要求。发展新能源+储能，是促进钢铁行业能源结构调整和绿色低碳转型的重要途径，有利于钢铁等传统产业突破资源环境约束，锻造产业竞争新优势。下一步，要积极培育壮大新能源、储能产业，逐步拓展新能源、储能应用场景和范围，进一步加强政策规划协同，推动产业合理布局和上下游协同发展。

中国工程院院士干勇、英国皇家工程院院士丁玉龙分别作“科技创新支撑新能源技术及产业发展”“能量存储与碳中和技术”主题报告，与会代表围绕钢铁工业极致能效、超低排放、氢能应用、储能发展、能源转型和综合能源解决方案等方面进行深入交流。

### 2023年10月27日

**工业废水循环利用现场交流会暨标准、技术推广交流活动在迁安召开**

为进一步推动《工业水效提升行动计划》《工业废水循环利用实施方案》相关任务落实，加强工业废水循环利用示范引领，发挥标准和技术装备对工业水效提升的推动作用，在工业和信息化部节能与综合利用司指导下、在河北省工业和信息化厅支持下，2023年10月27日，工业和信息化部电子第五研究所、中国工业节能与清洁生产协会在河北迁安联合举办了工业废水循环利用现场交流会暨标准、技术推广交流活动。部分地区工业和信息化主管部门和有关行业协会、科研院所、重点用水企业和园区代表等2000余人通过线上线下方式参加了活动。

活动中工业和信息化部节能与综合利用司对工业废水循环利用政策进行了解读，介绍了工业废水循环利用试点推进情况以及下一步工作

部署。工业废水循环利用试点企业和园区代表分享了试点典型经验和工作进展。

## 2023 年 11 月

### 2023 年 11 月 3 日

### 推进低噪声施工设备高质量发展座谈会在南京召开

为深入贯彻落实《中华人民共和国噪声污染防治法》，加强施工噪声污染源头控制，持续提升施工设备的绿色化水平，促进施工设备制造业持续健康发展，2023 年 11 月 3 日，推进低噪声施工设备高质量发展座谈会在南京召开。工业和信息化部节能与综合利用司、生态环境部大气环境司有关同志，有关行业协会、研究机构和部分低噪声施工设备生产企业等代表参加会议。

会上，部分低噪声施工设备生产企业代表介绍了低噪声施工设备研发、生产和销售情况，分享了降噪经验做法。有关专家介绍了低噪声施工设备行业的发展现状、存在的问题，提出了下一步工作建议。与会同志围绕《低噪声施工设备指导名录》的编制周期、编制范畴、推广应用等方面进行了交流研讨，并就深入开展行业调研、加强政策联动、建立健全标准体系、积极推广低噪声施工设备等下一步工作建议达成一致意见。

## 2023 年 12 月

### 2023 年 12 月 07 日

### 信息通信行业节能与绿色发展座谈会在北京召开

2023 年 12 月 5 日，信息通信行业节能与绿色发展座谈会在京召开。工业和信息化部原总工程师、中国电子学会理事长张峰出席会议并致辞，工业和信息化部节能与综合利用司副司长丁志军、国务院国资委社会责任局副局长汪洋，以及相关行业企业和科研机构代表参加会议。

会上，中国电信、中国移动、中国联通、中国广电和中国铁塔有关部门负责同志详细介绍了公司在数据中心、通信基站、通信机房等重点设施的能源消耗、节能与绿色低碳发展相关情况，华为、阿里、腾讯、科士达、科华等系统方案与设备提供商等介绍了绿色能源利用、先进节能技术及 UPS 电源、液冷服务器节能设备等推广应用情况，中国信通院、电子四院等科研院所负责同志从政策、技术、标准、管理等方面提出意见建议。

国务院国资委社会责任局汪洋表示，将从健全工作机制、推动央企节能减排、数字技术赋能、激发科创活力和强化宣传等方面全面推动中央企业绿色低碳转型发展。工业和信息化部节能与综合利用司丁志军指出，加快信息通信行业节能与绿色发展，对促进信息通信行业高质量发展具有重要意义，将持续开展数据中心、通信基站等重点领域节能监察和节能诊断服务，加快先进节能技术装备产品推广应用，强化国家绿色数据中心建设及经验推广，持续推动信息通信行业节能降碳与绿色发展。

会议同期举办了“节能服务进企业”暨 2023 年信息化领域节能技术交流会。

2023 年 12 月 25 日

工业和信息化部、生态环境部印发《国家鼓励发展的重大环保技术装备目录（2023 年版）》

为落实《环保装备制造业高质量发展行动计划（2022—2025 年）》（工信部联节〔2021〕237 号）工作部署，加快先进环保技术装备研发和推广应用，提升环保装备制造业整体水平和供给质量，工业和信息化部、生态环境部编制了《国家鼓励发展的重大环保技术装备目录（2023 年版）》。《国家鼓励发展的重大环保技术装备目录》（2011 年版、2014 年版、2017 年版、2020 年版）同时废止。

# 后 记

《2023—2024 年中国工业节能减排蓝皮书》是在我国现阶段高度重视生态文明建设、大力推进绿色发展、落实“双碳”目标背景下，由中国电子信息产业发展研究院赛迪智库节能与环保研究所编写完成的。

本书由刘文强书记担任主编，赵卫东所长、马涛副所长担任副主编。具体各章节的撰写人员为：综合篇由王煦、王颖、王丽媛、赵越、冯相昭、张玉燕撰写；重点行业篇由李欢、吴彦頔、张玉燕、张雅娟、彭猛撰写；区域篇由李鹏梅、巩艺飞、郭士伊、彭猛撰写；政策篇由郭士伊、莫君媛、黄晓丹撰写；热点篇由李鹏梅、赵越、王煦、巩艺飞撰写；展望篇由冯相昭、霍婧撰写；2023 年工业节能减排大事记由谭力收集整理。

此外，本书在编撰过程中，得到了工业和信息化部节能与综合利用司领导及钢铁、建材、有色、石化、电力等重点行业协会和相关研究机构的专家的大力支持和指导，在此一并表示感谢。希望本书可以为工业节能减排的政府主管部门在制定政策时提供决策参考，为工业企业节能减排管理者提供帮助。本书虽然经过研究人员和专家的严谨思考与不懈努力，但由于能力和水平所限，疏漏和不足之处在所难免，敬请广大读者和专家批评指正。

中国电子信息产业发展研究院